好奇心书系

贝壳家谱

一个软体动物门分类系统

FAMILIES OF MOLLUSKS

A CLASSIFICATION OF WORLDWIDE MOLLUSKS

何径 著 重庆大学出版社

图书在版编目（CIP）数据

贝壳家谱：一个软体动物门分类系统 / 何径著. —重庆：重庆大学出版社，2022.8

（好奇心书系）

ISBN 978-7-5689-3351-3

I.① 贝… II.① 何… III.① 扇贝科—普及读物

IV.① Q959.215-49

中国版本图书馆CIP数据核字(2022)第104199号

贝壳家谱
一个软体动物门分类系统
BEIKE JIAPU
YIGE RUANTI DONGWUMEN FENLEI XITONG

何 径 著

策 划：鹿角文化工作室

策划编辑：梁 涛

责任编辑：文 鹏 版式设计：周 娟 刘 玲 张鹏城
责任校对：王 倩 责任印刷：赵 晟

*

重庆大学出版社出版发行
出版人：饶帮华
社址：重庆市沙坪坝区大学城西路21号
邮编：401331
电话：（023）88617190 88617185（中小学）
传真：（023）88617186 88617166
网址：http://www.cqup.com.cn
邮箱：fxk@cqup.com.cn（营销中心）
全国新华书店经销
重庆市联谊印务有限公司印刷

*

开本：787mm×1092mm 1/16 印张：15.75 字数：336千
2022年8月第1版 2022年8月第1次印刷
印数：1—5 000
ISBN 978-7-5689-3351-3 定价：88.00元

［前 言］

这是我的第五本书。

第一本书是《贝壳采集鉴定收藏指南》（2010 年），当时国内的贝壳爱好者已经有了一定的规模，需要一本入门书籍。第二本书是 *The Freshwater Bivalves of China*（2013 年），那时很多人都在寻找一本中国淡水双壳类的专著，而我做了很多资料收集和标本采集工作，有一本自己使用的资料汇编，在出版社的帮助下，编撰成书。第三本书是《邮票上的贝壳》（2014 年），是为集邮和集贝爱好者们写的。第四本书是《舌尖上的贝类》（2016 年），因为在社交媒体上经常给朋友们鉴定他们吃到的各种贝类海鲜，时间长了，很多人就建议我写一本食用贝类鉴定的小书。

中国贝类学研究起步很晚，到现在也就将近一百年。这一百年里已出版的中文贝类书籍，与外文书籍相比，实在是太少了。但凡展开深入一点的阅读，必须读外文的著作，否则就无资料可借鉴。而且，这里有个重要的缺口，就是从来没有任何一本中文书提供过完整的软体动物门的分类系统。而这样一个分类系统，无论是对爱好者、相关专业的学生和职业研究人员，都是很有必要的。

事实上，我也希望有这样一本书，数年来也在等待这样一本书。但是，它一直没出现，于是决定自己来写。

其实，我动手准备这本书很早（大致是在中国淡水双壳纲那本书快要完稿的时候），中间一度觉得这工作不可能凭一己之力完成，因为资料太过庞杂。我最初的想法是找出每个科的原始文献和历史沿革，给每个科明确的特征描述及鉴定要点，配上图片。但这样一来，工作量就太大了。如果按照这个设想来做，最后的成书部头将会很大。最麻烦的是，虽然已经累积了大量的资料，我还是完全无法判定什么时候能完成计划。

所以，我决定先出一本小手册，一是提供一个完整的软体动物门的分类系统，二是为大量的分类单位（Taxa）的拉丁名拟定中文名。这样做的好处是，篇幅不大，但一定有益于读者建立关于软体动物门的框架，帮助爱好者们整理自己的收藏，帮助各类标本库藏单位更新体系和陈列展示。

但当我决定先出一本小手册后，马上就面临了另一个难题。最近十几年由于分子生物学的成果快速积累，科一级的分类单位不停地变化，出现了很多新的科。我一直跟踪这些变化，想等这个系统稍微稳定一点儿再成书。结果，变化反而越来越快。这样等下去也不是办法。所以，我就一边写这本书，一边继续跟踪新的变化。

为了能让自己有可能完成书稿，我觉得我需要一个时间截止点，否则无法保持书稿的稳定。当时决定2018年3月份后新发表的内容，就不再收录。即便如此，也收录了12个2017年发表的科，2018年年初发表的科也收录了3个。可见软体动物分类学在科一级的变化有多迅速！

因此读者需要注意两点：一是分类系统，最近这些年变化非常迅速，过一段时间，就一定会出现和本书不同的分类处理方式；另一方面，虽然分类学进展很快，但这本书现在出版也是很有必要的，因为这本书中的分类体系会和以往的中文贝类书籍有很大的差别——近几十年里，中文贝类学书籍的分类体系更新极少。

2018年我按自己的设想完成了书稿。这件工作算是告一段落。

2021年，经张巍巍老师介绍，重庆大学出版社决定出版本书，我对本书内容进行了一些增补修订（主要涉及的内容为把原稿完成时已经发表但没能收录的5个科收录进来，另外，2018—2021年间新发表的科也予以收录）。由于我平时一直是留意分类学进展的，工作非常顺利。

因此，本书的资料更新到2021年10月。此后新的分类进展只能期望以后再版时收录了。

下面，有几个问题，我解释一下，希望有助于读者使用本书。

（1）本书的内容。一个分类系统，收录科及科以上的分类单位。亚科和亚科以下都不收录。

（2）分类单位的收录原则。本书不新设任何新的分类单位，所有的分类单位一定是在其他正式发表的文献中出现过的。本书只选择我认为值得采信的分类单位。

（3）**科一级的收录原则**。如果一个科级分类单位，其单宗性（Monophyletic）得以保证，有的作者处理为亚科，有的作者处理为科，只要其形态学特征明显而稳定，本书一律处理为科。比如砗磲，本书就处理为独立的科，虽然很多作者倾向于将其处理为鸟蛤科的一个亚科。对于现代研究证明单宗性不成立的分类单位，本书则一律不收录为独立的科，而是选择维持单宗性，比如，本书不再收录巴蜗牛为独立的科。

（4）**目一级的分类单元处理**。由于国际动物命名规则（ICZN）关于目一级的规范极少，导致了目一级的分类的自由度非常大，其结果就显得很乱。仅仅是使用的名称就非常多。特别是分子生物学在软体动物门分类中普遍应用以来，产生了大量的科以上纲以下的分类单位，分子生物学家们在确证了他们所研究的类群是单宗之后，就会给这个类群取个名字，但并不把它归位到传统的亚目、目或者超目等分类单元上。这导致了在目这一级使用的名字五花八门。本书也不能强行采用传统的分类单元名称来规范它们，只能采用原作者们的说法。但是，我还是给它们拟定了中文名，这些中文名仅仅是为了中文交谈的方便，有些可能已经有其他同行拟定的名字，但我没检索到，有些可能不是很贴切。总之，这些分类单位的拉丁名在相当长的一段时间内会继续变化，相应的中文名也不可能保持稳定。

下面是部分分类单位的拉丁名和建议使用的中文名：

Grade　　　拟目
Cohort　　　列目
Subcohort　亚列目
Clade　　　宗
Infraorder　间目

（5）**中文名**。大量中国以前没记录的分类单位以及近年新发表的分类单位，没有对应的中文名。对于有贝壳的现生种的分类单位，我一一拟定了中文名。只有化石记录的分类单位或者有现生种但没有外壳的分类单位，我没有拟定中文名。

（6）**配图**。近几十年新发表的科，科内一致性强，只配一张图。一些传统的科，科内庞杂，比如骨螺等，配有多张图。有些科，标本很少有流通，只在少数博物馆和研究单位有存。因为版权问题，部分科没有配照片。好在科一级分类单元本书都给出了作者和年代，未配图片的科基本上都是第二次世界大战后发表的分类单元，职业研究人员很容易在学术数据库中找到原始文献和图片，业余爱好者则很少会涉及这些科。

书中的图片有四个来源：绿底图片由作者自己拍摄；黑底图片，有三个来源，一是 Conchology, Inc. 的 Guido Poppe 先生，二是巴黎自然博物馆（MNHN），以及该馆的 Philippe Bouchet 博士，书中都一一标明了来源。

本书写作过程中，得到了巴黎自然博物馆的 Philippe Bouchet 博士的大力协助，他帮忙沟通协调，使本书获得了巴黎自然博物馆的大量模式标本照片的授权。同时，Bouchet 博士还提供了一些他自己的论文中的照片的使用授权。修订草稿完成后，Bouchet 博士审查了全书，并对第一版中部分科的图示物种进行了更换。没有 Bouchet 博士的帮助，本书达不到现在的质量。

ConchBooks 的 Carsten Renker 先生审阅了 2018 年原稿，大大提高了本书的质量。

画家 Jom Patamakanthin 提供了封面贝壳画素材，特此感谢。

谢谢张巍巍老师一直敦促我完成此书，谢谢鹿角文化工作室和重庆大学出版社的各位老师的大力帮助。

没有我的妻子庄孜旼女士的大力协助，本书不可能完成，我实际上是和她一起完成了这本书。

何　径

2021 年 10 月 11 日

目录
Contents

动物界软体动物门
KINGDOM ANIMALIA PHYLUM MOLLUSCA

Kingdom Animalia

动物界

Phylum Mollusca

软体动物门

软体动物这一概念的词源可追溯至亚里士多德（公元前 384—前 322），他当时用这个词来指称章鱼等头足类的动物。随着现代分类学的发展，软体动物包含的物种越来越多，而且，外壳也成了软体动物的一个重要特征。在生命演化早期，地球上存在大量的小型有外壳的动物，它们留下了大量的化石。但是，人们对于这些动物的了解仅限于外壳，因此，这些动物是否属于软体动物门，还有待于进一步的研究。

　　就现状而言，没有任何一个单一的特征能定义软体动物门，必须依赖一组特征来确定。软体动物物种多，多样性强，因此，即使采用多特征组合，也难以归纳出一组统一的特征。总体来说，拥有头、足和内脏团可能是软体动物门最有共性的特征，但是，双壳纲却没有头。于是，在分类实践上，多是总结软体动物门的各纲的特征，当确定某物种属于这些纲之后，确定其属于软体动物门。因此，一直有少量声音认为软体动物需要做出门一级的拆分。本书不会涉及这类问题，只是依据现有的文献和比较通行的分类学处理方式给大家提供一个软体动物门的分类系统。

　　本书采信将软体动物门分为九纲的做法：

Class Caudofoveata 尾腔纲

Class Solenogastres 沟腹纲

Class Rostroconchia 喙壳纲

Class Monoplacophora 单板纲

Class Gastropoda 腹足纲

Class Bivalvia 双壳纲

Class Polyplacophora 多板纲

Class Scaphopoda 掘足纲

Class Cephalopoda 头足纲

尾腔纲 | Class Caudofoveata

Order Chaetodermatida

沟腹纲 | Class Solenogastres

Superorder Aplotegmentaria
Order Neomeniamorpha

Family Hemimeniidae Salvini-Plawen, 1978

Family Neomeniidae Ihering, 1876

Order Pholidoskepia

Family Dondersiidae Simroth, 1893

Family Gymnomeniidae Odhner, 1920

Family Lepidomeniidae Pruvot, 1902

Family Macellomeniidae Salvini-Plawen, 1978

Family Meiomeniidae Salvini-Plawen, 1985

Family Pholidoskepia *incertae sedis*

Family Sandalomeniidae Salvini-Plawen, 1978

Superorder Pachytegmentaria
Order Cavibelonia

Family Acanthomeniidae Salvini-Plawen, 1978

Family Amphimeniidae Salvini-Plawen, 1972

Family Drepanomeniidae Salvini-Plawen, 1978

Family Epimeniidae Salvini-Plawen, 1978

Family Notomeniidae Salvini-Plawen, 2004
Family Proneomeniidae Mitchell, 1892
Family Pruvotinidae Heath, 1911
Family Rhipidoherpiidae Salvini-Plawen, 1978
Family Rhopalomeniidae Salvini-Plawen, 1978
Family Simrothiellidae Salvini-Plawen, 1978
Family Strophomeniidae Salvini-Plawen, 1978
Family Syngenoherpiidae Salvini-Plawen, 1978

Order Sterrofustia

Family Heteroherpiidae Salvini-Plawen, 1978
Family Imeroherpiidae Salvini-Plawen, 1978
Family Phyllomeniidae Salvini-Plawen, 1978

尾腔纲和沟腹纲的物种都没有钙质外壳，据此特征，早前把它们处理为一个无板纲 Aplacophora，但分子生物学支持将它们分开。

喙壳纲 | Class Rostroconchia

　　喙壳纲是软体动物门中唯一灭绝的纲。根据化石确定这一组物种属于软体动物门似乎争议不大。它们年幼时是单壳，成贝为双壳，这种壳的基本形态方面的特征确定了它们独立为一纲的分类地位。

纲一级分类位置待定的化石记录

Family Khairkhaniidae Missarzhevsky, 1989
Family Ladamarekiidae Frýda, 1998
Family Metoptomatidae Wenz, 1938
Family Protoconchoididae Geyer, 1944

以上 4 个科只有化石记录，纲一级分类位置待定，可能属于单板纲，也可能属于腹足纲。

Superfamily Archinacelloidea Knight, 1952

Family Archinacellidae Knight, 1952

Family Archaeopragidae Horný, 1963

本超科只有化石记录，其纲一级分类位置待定。

单板纲 | Class Monoplacophora

Subclass Cyrtolitiones

Order Sinuitopsida

Superfamily Cyrtonelloidea Knight & Yochelson, 1958

Family Cyrtonellidae Knight & Yochelson, 1958

Subclass Eomonoplacophora

Superfamily Maikhanelloidea Missarzhevsky, 1989

Family Maikhanellidae Missarzhevsky, 1989

本超科的目级分类待定。

Subclass Tergomya

本亚纲下述前 11 科都只有化石记录。

Order Kirengellida

Superfamily Archaeophialoidea Knight & Yochelson, 1958

Family Archaeophialidae Knight & Yochelson, 1958

Family Pygmaeoconidae Horný, 2006

Family Peelipilinidae Horný, 2006

Superfamily Kirengelloidea Starobogatov, 1970

Family Kirengellidae Starobogatov, 1970

Family Romaniellidae Rozov, 1975

Family Nyuellidae Starobogatov & Moskalev, 1987

Superfamily Hypseloconoidea Knight, 1952

Family Hypseloconidae Knight, 1952

Order Tryblidiida

Superfamily Tryblidioidea Pilsbry, 1899

Family Tryblidiidae Pilsbry, 1899

Family Proplinidae Knight & Yochelson, 1958

Family Drahomiridae Knight & Yochelson, 1958

Family Bipulvinidae Starobogatov, 1970

新蝶贝超科 Superfamily Neopilinoidea Knight & Yochelson, 1958

新蝶贝科 Family Neopilinidae Knight & Yochelson, 1958

本科是单板纲唯一有现生种记录的科，凭借壳的特征不足以和腹足纲区分，但动物解剖学特征和腹足纲差别明显。

❶ 罗兰新蝶贝 *Laevipilina rolani* Warén & Bouchet，1990。西班牙，1.9 mm。Bouchet 图片。

❶

腹足纲 | Class Gastropoda

有外壳的腹足纲动物,就是俗称中的各种螺类,有海生的,有淡水生的,也有陆生的。古生物中有螺一样外形的小壳类,分类地位是存在很多疑问的。有些小壳类的生物,是否属于软体动物门也存疑。更晚些的化石,即使壳比较大,但如果把它们定位在软体动物门,它们是否属于腹足纲也有可能存疑,比如,它们可能属于单板纲。

现生物种中,腹足纲占软体动物门一半以上。物种多,数量大,从一个纲的分类单元上讲,腹足纲的多样性仅次于昆虫纲。腹足纲表现出极大的可变性,既有海生的物种,也有陆生的用肺呼吸的蜗牛和鼻涕虫。

腹足纲的身体主要由三个主要部分构成:头及头上的嘴、触角、眼睛,包括性腺和消化系统的内脏团,一只脚板很大的足。

标志性特征:腹足纲的内脏团会扭转置于贝壳内。

腹足纲是唯一稳定保持非几何对称的动物。这种器官安排实际上是二次发育的结果,在幼虫阶段,它们仍是左右对称的。

早期的腹足纲分类都是基于贝壳特征的。后来,动物器官(如鳃、心脏、外套腔)位置等相关研究,使一些新的分类单位建立了起来。对腹足纲分类影响最大的是有关神经系统和齿舌的研究。这类研究使腹足纲的分类变得很庞杂。

最有影响的现代分类是 Thiele (1929—1931) 做的,把早期的那些基于独立器官的研究整合了起来,但强调齿舌、呼吸和神经系统。他设立了三个亚纲并认为它们有进化上的递进关系:

· 前鳃亚纲 (Prosobranchia)
　　· 古腹足目 (Archaeogastropoda)
　　· 中腹足目 (Mesogastropoda)
　　· 新腹足目 (Neogastropoda)
· 后鳃亚纲 (Opisthobranchia)
· 肺螺亚纲 (Pulmonata)

这套系统简洁明了,几乎被所有软体动物研究人员接受。我们能看到的 Thiele 之后60年的各种动物志、分类专著和教材,都采用此系统。Thiele 的系统一直维持到 20 世纪 80 年代才开始有了实质性的变动。

事实上,20 世纪 60 年代,似乎天衣无缝的 Thiele 的体系缺陷就被注意到了。随着过去很少被注意的那些小型腹足类的研究进展,Thiele 的体系似乎不可能通过小修小补来适应那些小螺的奇怪的解剖学特征。比如:小鹿眼螺科 (Rissoellidae) 和凹马

螺科(Omalogyridae) 似乎更符合后鳃亚纲的特征；长期被处理为中腹足目的塔螺类(Pyramidellidae) 和瓷螺科放在相同的位置，但其解剖学特征更近后鳃亚纲；三口螺科(Triphoridae) 被发现既不是前鳃类也不是后鳃类，更不可能是肺螺，在 Thiele 的体系里它们无位置可放。一个物种在上一级分类单元中位置明确而在下一级分类单元里没有适当位置的情况的出现，意味着一个分类体系的失败。于是，异齿亚纲 (Heterogastropoda) 被建立以容纳几个小型腹足类的科。但后来的研究发现，这些小螺之间关系疏远，不可能构成一个分类单位，因为现代分类学特别强调分类和宗谱分析的一致性。随着宗谱分析研究的进展，Thiele 的体系出现了更多的问题，比如：后鳃亚纲的车轮螺 (Architectonicoidea) 和前鳃亚纲的海蜘螺科 (Epitoniidae) 之间关系密切；分子研究证明，新腹足目也不是从中腹足目演化而来。随着近二十年来分子生物学研究的发展，大量的科及科以上的分类单元建立了起来。但是，这个趋势还处在快速发展阶段，并没有一个新的体系像 Thiele 的体系那样被广泛接受，许多分类单元没有足够的分子生物学研究或者有的分类单元的分子生物学研究结论存在冲突，形成一个稳定的分类系统还需要时间。

目前，关于腹足纲的科以上分类，唯一得到广泛认可的是：放弃 Thiele 的体系。

本书不再采用 Thiele 的体系。如前所述，目前还没有形成特别稳定的体系，大家读到的将是本书作者比较认可的分类处理方式。值得提前指出的是，因为国际动物命名规则里涉及亚纲和目一级的规范很少，因此，很多作者都使用了不同的处理方式，出现了众多的单元名称，比如 Infraclass, Cohort, Infrasubcohort, Superorder, Suborder, Hyperorder, Clade, 等等。本书也没法统一地把它们调整到传统的分类单元上去。当我们觉得一个分类单元可以成立，值得采信的时候，我们就保留原作者使用的如 Cohort 等分类单元。

Subclass Amphigastropoda

本亚纲只有化石记录。

Order Bellerophontida

Superfamily Bellerophontoidea McCoy, 1852
Family Bellerophontidae McCoy, 1852
Family Bucanellidae Koken, 1925
Family Bucaniidae Ulrich & Scofield, 1897
Family Euphemitidae Knight, 1956
Family Pterothecidae P. Fischer, 1883

Family Sinuitidae Dall, 1913

Family Tremanotidae Naef, 1911

Family Tropidodiscidae Knight, 1956

Subclass Archaeobranchia

本亚纲只有化石记录。

Order Pelagiellida

Superfamily Pelagielloidea Knight, 1956

Family Pelagiellidae Knight, 1956

Family Aldanellidae Linsley & Kier, 1984

Order Helcionellida

Superfamily Scenelloidea S. A. Miller, 1889

Family Scenellidae S. A. Miller, 1889

Family Coreospiridae Knight, 1947

Family Carinopeltidae Parkhaev, 2013

Superfamily Yochelcionelloidea Runnegar & Jell, 1976

Family Yochelcionellidae Runnegar & Jell, 1976

Family Stenothecidae Runnegar & Jell, 1980

Family Securiconidae Missarzhevsky, 1989

下面这些科都是属于腹足纲的，部分科未能置于超科之下。

Family Codonocheilidae S. A. Miller, 1889

Family Craspedostomatidae Wenz, 1938

Family Crassimarginatidae Frýda, Blodgett & Lenz, 2002

Family Discohelicidae Schröder, 1995

Family Isospiridae Wangberg-Eriksson, 1964

Family Yuopisthonematidae Nützel, 2017

Family Paraturbinidae Cossmann, 1916

Family Pragoserpulinidae Frýda, 1998

Family Raphistomatidae Koken, 1896

Family Rhytidopilidae Starobogatov, 1976

Family Scoliostomatidae Frýda, Blodgett & Lenz, 2002

Family Sinuopeidae Wenz, 1938

Superfamily Clisospiroidea S. A. Miller, 1889

Family Clisospiridae S. A. Miller, 1889

Family Onychochilidae Koken, 1925

Superfamily Euomphaloidea White, 1877

Family Euomphalidae White, 1877

Family Euomphalopteridae Koken, 1896

Family Helicotomidae Wenz, 1938

Family Lesueurillidae P. J. Wagner, 2002

Family Omphalocirridae Wenz, 1938

Family Omphalotrochidae Knight, 1945

Family Straparollinidae P. J. Wagner, 2002

Superfamily Macluritoidea Carpenter, 1861

Family Macluritidae Carpenter, 1861

Superfamily Ophiletoidea Koken, 1907

Family Ophiletidae Koken, 1907

Superfamily Oriostomatoidea Koken, 1896

Family Oriostomatidae Koken, 1896

Family Tubinidae Knight, 1956

Superfamily Palaeotrochoidea Knight, 1956

Family Palaeotrochidae Knight, 1956

Superfamily Trochonematoidea Zittel, 1895

Family Trochonematidae Zittel, 1895

Family Lophospiridae Wenz, 1938

笠螺亚纲 | Subclass Patellogastropoda

笠螺目 Order Patellida

笠螺超科 Superfamily Patelloidea Rafinesque, 1815

笠螺科 Family Patellidae Rafinesque, 1815

又称帽贝科。现存的笠螺主要分布在东大西洋和南非的温带海域，科的鉴定特征基于壳的微观结构和齿舌特征。

① 好望角笠螺 *Patella tabularis* Krauss，1848。南非，131 mm。

罗特螺超科 Superfamily Lottioidea Gray, 1840

罗特螺科 Family Lottiidae Gray, 1840

本科在笠状螺目中物种多样性和个体丰富程度最大。其最主要的特征是壳的微观结构上没有叶状方解石，但这种结构在笠螺超科中的其他科里普遍存在。

② 霸王罗特螺 *Lottia gigantea* Gray in Sowerby I, 1834。美国，35 mm。

青螺科 Family Acmaeidae Forbes, 1850

微观结构中有叶状和纤维状结构。所有现生种都是白色的壳，无任何花型。除南极无记录外，全球海域都有分布。此拉丁科名曾包含庞杂的物种，后被逐步分离，整个科的定义经过了重构，现在包含的物种数量不多，但分布仍然广泛。

❶ 高帽青螺 *Acmaea mitra* Rathke, 1833。加拿大，22 mm。

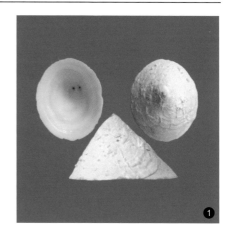

元青螺科 Family Eoacmaeidae Nakano & Ozawa, 2007

曾经置于罗特螺科中，因为分子生物学研究而独立成科。

❷ 白元青螺 *Eoacmaea profunda* (Deshayes, 1863)。菲律宾，16 mm。

无鳃笠螺科 Family Lepetidae Gray, 1850

有着特别的齿舌、栉鳃、神经和嗅检器，没有外套触角，只有 1 对唾液腺，眼睛没有色素。壳一般白色，无刻饰。壳顶位于前端。只能生活在潮下带，在北半球的温带海域于低潮线下生活，但在赤道附近，能在 5000 m 深度发现。

❸ 相模湾无鳃笠螺 *Sagamilepeta sagamiensis* (Kuroda & Habe, 1971)。日本，9 mm。

吊篮螺科 Family Nacellidae Thiele, 1891

　　壳内表面显出珍珠光泽。海贝，主要在潮间带及浅水环境下生活。

❶ 麦哲伦吊篮螺 *Nacella magellanica* (Gmelin, 1791)。阿根廷, 57 mm。

新无鳃笠螺科 Family Neolepetopsidae McLean, 1990

　　生活在海底热泉口，贝壳学特征同青螺，但特别的齿舌结构和分子生物学数据支持将这一组物种独立为科。

❷ 萨萨奇新无鳃笠螺 *Paralepetopsis sasakii* Warén & Bouchet, 2009。大西洋（刚果外海）, 12 mm。MNHN图片。

Family Damilinidae Horný, 1961
以上 2 科只有化石记录。

Family Lepetopsidae McLean, 1990

梳齿笠螺科 Family Pectinodontidae Pilsbry, 1891

　　曾作为一个亚科 Pectinodontinae 被置于青螺科内，贝壳形态学特征同青螺科。分子生物学研究发现这组物种和无鳃笠螺科更近缘，但若置于无鳃笠螺科，将破坏无鳃笠螺科的形态学特征的一致性，故由亚科提升为科。

❸ 白粗梳齿笠螺 *Pectinodonta rhyssa* (Dall, 1925)。日本, 8 mm。

甲足螺亚纲 | **Subclass Neomphaliones**

甲足螺目 Order Neomphalida

甲足螺超科 Superfamily Neomphaloidea McLean, 1981

甲足螺科 Family Neomphalidae McLean, 1981

深水物种，受样本数量影响，目前对此科物种了解甚少。

❶ 常形甲足螺 *Symmetromphalus regularis* McLean，1990。关岛。Poppe 图片。

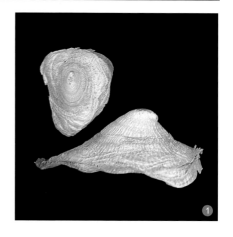

革足螺科 Family Melanodrymiidae Salvini-Plawen & Steiner, 1995

壳小型，外形似钟螺，壳面有很强的装饰或接近光滑。脐孔深。壳口倾斜。口盖多旋线。生活在海底化合作用群落中。

❷ 加莱革足螺 *Melanodrymia galero-nae* Warén & Bouchet，2001。东太平洋，3 mm。MNHN图片。

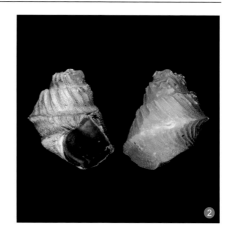

鳞足螺科 Family Peltospiridae McLean, 1989

均为深海物种，虽然只记录 20 余种，分属却多达 10 个，研究受样本材料的限制。螺塔明显，开口宽阔。足部鳞片发达。

1 美肋鳞足螺 *Peltospira smaragdina* Warén & Bouchet，2001。北大西洋，12 mm。MNHN图片。

科库螺目 Order Cocculinida

科库螺超科 Superfamily Cocculinoidea Dall, 1882

科库螺科 Family Cocculinidae Dall, 1882

全球都有分布，发现于 30~3700 m 水深海域，生活在腐烂的木头、头足类的喙或鲸骨上。特别的齿舌和解剖学特征是科的鉴定特征。壳口椭圆，薄，瓷光，放射或者同心纹饰。壳顶在中心或偏后，壳高变化大。成贝可见胎壳，壳缘简单。

2 小扁科库螺 *Cocculina subcompressa* Schepman, 1908。菲律宾，5 mm。

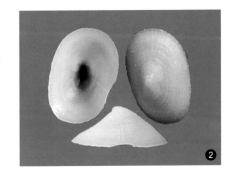

喙居螺科 Family Bathysciadiidae Dautzenberg & H. Fischer, 1900

全球都有分布，发现于 570~9500 m 深的水域，生活在死去的头足类的沉于海底的喙上，齿舌和解剖学特征和科库螺不同。外形笠状，几何对称。壳薄脆，一般为 1~10 mm 直径。放射细肋，壳皮发达。

3 喙居螺 *Bathysciadium* species。右上显示其附生的喙及相对于喙的大小，左下是放大的贝壳图片。Bouchet 图片。

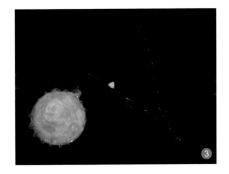

祖腹足亚纲 | Subclass Vetigastropoda

以下 2 科属于此亚纲，但具体定位有待研究。

Family Holopeidae Cossmann, 1908

Family Micromphalidae J. A. Harper, 2016

这 2 科都只有化石记录。

翁戎螺目 Order Pleurotomariida

本目除翁戎螺科外，其他各科都只有化石记录。

Superfamily Eotomarioidea Wenz, 1938

Family Eotomariidae Wenz, 1938

Family Gosseletinidae Wenz, 1938

Family Luciellidae Knight, 1956

Family Phanerotrematidae Knight, 1956

Family Pseudoschizogoniidae Bandel, 2009

Family Wortheniellidae Bandel, 2009

Superfamily Murchisonioidea Koken, 1896

Family Murchisoniidae Koken, 1896

Family Farewelliidae Mazaev, 2011

Family Plethospiridae Wenz, 1938

Family Ptychocaulidae Mazaev, 2011

翁戎螺超科 Superfamily Pleurotomarioidea Swainson, 1840

翁戎螺科 Family Pleurotomariidae Swainson, 1840

现生种只有翁戎螺 1 科。壳中到大型，体螺层上有刻裂，早期壳上有清晰的已经封上的刻裂带。

❶ 龙宫翁戎螺 *Entemnotrochus rumphii* (Schepman, 1879)。中国，170 mm。

Family Catantostomatidae Wenz, 1938

Family Lancedelliidae Bandel, 2009

Family Phymatopleuridae Batten, 1956

Family Polytremariidae Wenz, 1938

Family Portlockiellidae Batten, 1956

本超科以上 9 科只有化石记录。

Family Rhaphischismatidae Knight, 1956

Family Stuorellidae Bandel, 2009

Family Trochotomidae Cox, 1960

Family Zygitidae Cox, 1960

Superfamily Porcellioidea Koken, 1895

Family Porcelliidae Koken, 1895

Family Pavlodiscidae Frýda, 1998

Family Cirridae Cossmann, 1916

Superfamily Pseudophoroidea S. A. Miller, 1889

Family Planitrochidae Knight, 1956

Family Pseudophoridae S. A. Miller, 1889

Superfamily Ptychomphaloidea Wenz, 1938

Family Ptychomphalidae Wenz, 1938

Superfamily Schizogonioidea Cox, 1960

Family Schizogoniidae Cox, 1960

Family Pseudowortheniellidae Bandel, 2009

Superfamily Sinuspiroidea Mazaev, 2011

Family Sinuspiridae Mazaev, 2011

以上 5 超科 9 科均只有化石记录。

塞圭螺目 Order Seguenziida

塞圭螺超科 Superfamily Seguenzioidea Verrill, 1884

塞圭螺科 Family Seguenziidae Verrill, 1884

壳小，壳内有珍珠层，壳表刻饰精致而多样，有龙骨。壳口沟槽可多达 5 条，壳口简单不加厚。本超科和钟螺超科的区别在于解剖学特征。

❶ 长尾塞圭螺 *Seguenzia hosyu* Habe, 1953。中国，3 mm。

凯特螺科 Family Cataegidae McLean & Quinn, 1987

贝壳形态学特征同唇齿螺科，原为唇齿螺科的一个亚科，因分子生物学证据提升为科。

① 珠粒凯特螺 *Cataegis tallorbioides* Vilvens, 2016。所罗门，8.5 mm。MNHN图片。

唇齿螺科 Family Chilodontaidae Wenz, 1938

拉丁名原始拼写为 Chilodontidae, 因为该名已经被一个鱼类的科占用，国际动物命名规则将科名确定为 Chilodontaidae. 大部分为深水物种，壳小到中型，厚而结实，壳面有珠串状螺旋线装饰。有轴齿，外唇内侧有褶痕。

② 诺顿唇齿螺 *Clypeostoma nortoni* (McLean, 1984)。菲律宾，12 mm。

小陀螺科 Family Choristellidae Bouchet & Warén, 1979

壳外形陀螺状。因特别的动物特征而独立为科。没有眼睛，头上有触角。

③ 小陀螺 *Choristella* sp。莫桑比克，5 mm。MNHN图片。

达龙螺科 Family Eudaroniidae Gründel, 2004

深水小型螺。

1 螺旋达龙螺 *Eudaronia spirata* Hoffman, Gofas & Freiwald, 2020。北大西洋, 1 mm。MNHN 照片。

蛋壳螺科 Family Eucyclidae Koken, 1896

深水物种。壳或厚或薄, 内外都有珍珠光泽, 表面或有凸起装饰。口盖角质, 多旋线。很长时间内被置于钟螺科内。动物解剖学特征和分子数据支持独立为科。

2 玉珠蛋壳螺 *Ginebis argenteonitens* (Lischke, 1872)。中国, 58 mm。

彭螺科 Family Pendromidae Warén, 1991

物种记录很少的小型海螺。

假钟螺科 Family Trochaclididae Thiele, 1928

小型海螺，独特的解剖学特征。

❶ 假钟螺 *Trochaclis species*。菲律宾，4 mm。Poppe 图片。

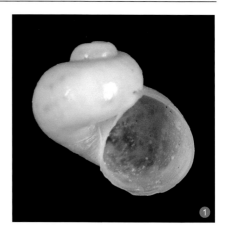

Family Eucycloscalidae Gründel, 2007   Family Laubellidae Cox, 1960

Family Eumemopsidae Bandel, 2010   Family Pseudoturcicidae Bandel, 2010

Family Lanascalidae Bandel, 1992   Family Sabrinellidae Bandel, 2010

以上 6 科都只有化石记录。

古笠螺目 Order Lepetellida

古笠螺超科 Superfamily Lepetelloidea Dall, 1882

古笠螺科 Family Lepetellidae Dall, 1882

外形多变，常为马鞍形。齿舌特化可作为科的鉴定特征。无颚。壳薄，有瓷光，通常只有几毫米。大多只有弱同心刻饰。开口的形状受发育环境影响大。壳顶稍微偏离中心，多腐蚀。胎壳有格子状刻饰。

❷ 伊斯比古笠螺 *Lepetella espinosae* Dantart & Luque, 1994。意大利，2 mm。Poppe 图片。

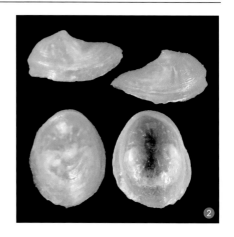

爱迪森螺科 Family Addisoniidae Dall, 1882

深海的笠状螺，壳小，薄，一般无色彩和壳面装饰。曾基于贝壳形态学特征置于古笠螺科。

① 美环爱迪森螺 *Addisonia excentrica* (Tiberi, 1855)。西班牙，8 mm。

渊笠螺科 Family Bathyphytophilidae Moskalev,1978

日本、中国，往南直到菲律宾都有分布，但物种不多。早期文献中，根据贝壳学特征各物种分属不同的科，因解剖学特征而设立此科。

开曼螺科 Family Caymanabyssiidae B. A. Marshall, 1986

本科原为拟科库螺科的一个亚科。特别的胎壳微观结构、齿舌结构和鳃的解剖特征支持独立为科。

食骨螺科 Family Cocculinellidae Moskalev, 1971

几何对称的笠状螺，生活在浅水和较深的海域，以鱼骨为食，齿舌特化。窄椭圆开口，壳顶稍偏离中心。壳长一般 2~3 mm ，弱同心刻饰。成贝可见胎壳，无明显刻饰。

鲸螺科 Family Osteopeltidae B. A. Marshall, 1987

几何对称的非常小的笠状螺，只有 3 种记录，可能全球分布，都生活在鲸落群中。椭圆开口，特化的齿舌。壳白，薄，壳长可至 8 mm。壳顶稍偏中心，胎壳在成贝中腐蚀。

② 焕英鲸螺 *Osteopelta huanyingae* He, Qian& Fang, 2017。中国，5 mm。

拟科库螺科 Family Pseudococculinidae Hickman, 1983

全球分布,一般生活在深水海域,40~5700 m 的深度都有记录。一般生活在腐烂的木头上,但在腐烂的海藻和蟹壳上也有发现。卵形开口,后倾顶略偏中心。扇形齿舌可作科鉴定特征。壳薄,有瓷光,1.5~15 mm 长。同心或(和)粒状刻饰。成贝的胎壳常腐蚀。

❶ 粗拟科库螺 *Copulabyssia corrugata* (Jeffreys, 1883)。意大利,2 mm。Poppe 图片。

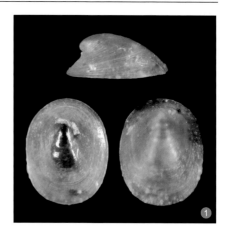

嗜热螺科 Family Pyropeltidae McLean & Haszprunar, 1987

海底热泉口生活。

❷ 西彼特嗜热螺 *Pyropelta sibuetae* Warén & Bouchet, 2009。南大西洋,3.8 mm。MNHN照片。

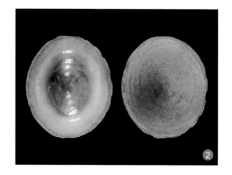

透孔螺超科 Superfamily Fissurelloidea Fleming, 1822

透孔螺科 Family Fissurellidae Fleming, 1822

又称裂螺科、钥孔蝛科。变态后就没有口盖,前足板腺消失。双栉鳃大小相等,位置对称。壳从扁平到很高的锥形。壳顶后倾。壳的前坡有为排水管而改进的洞,有的个体为一个沟槽或者一条裂缝。

❸ 霸王透孔螺 *Fissurella maxima* Sowerby I, 1834。智利,106 mm。

鲍螺超科 Superfamily Haliotoidea Rafinesque, 1815

鲍螺科 Family Haliotidae Rafinesque, 1815

螺口特别宽大，螺塔低，似一个笠状螺，足宽大。壳上有一列呼吸孔，这些孔是在生长过程中在壳缘处逐渐长出的，最新的 5~8 个孔一般是开放的。一般认为这些孔是排水孔，最外的孔已经被确认是吸水孔。

❶ 红鲍 *Haliotis rufescens* Swainson, 1822。美国，169 mm。

龙角螺超科 Superfamily Lepetodriloidea McLean, 1988

龙角螺科 Family Lepetodrilidae McLean, 1988

深海热泉物种，笠状，壳皮厚，覆盖壳边缘。壳顶位于后端，有些后倾，偏于右侧。壳面无刻饰，或者有珠粒状或平滑的放射肋。肌肉痕为马蹄形。有特殊的齿舌和生殖系统结构。

❷ 福斯龙角螺 *Lepetodrilus fucensis* McLean, 1988。胡安·德富卡海岭，9 mm。Poppe 图片。

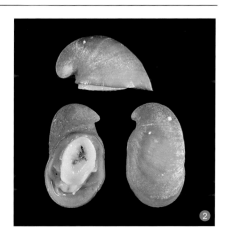

苏裂螺科 Family Sutilizonidae McLean, 1989

小型深海热泉物种。

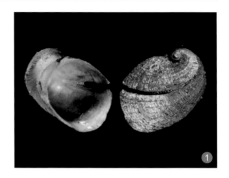

① 特隆多苏裂螺 *Sutilizona pterodon* Warén & Bouchet, 2001。北大西洋，2 mm。MNHN 图片。

缝螺超科 Superfamily Scissurelloidea Gray, 1847

缝螺科 Family Scissurellidae Gray, 1847

壳有一刻裂，刻裂的位置可从口围到肩。壳微小，较薄，常透明，壳内无珍珠层。有口盖，极精致的格子或轴向刻饰。脐或开或闭。

② 肋缝螺 *Scissurella costata* d'Orbigny, 1824。西班牙，1.3 mm。

亚纳特螺科 Family Anatomidae McLean, 1989

原为缝螺科一亚科，因分子生物学特征独立为科。

③ 日本亚纳特螺 *Anatoma japonica* (A. Adams, 1862)。菲律宾，4 mm。

小隙螺科 Family Larocheidae Finlay, 1927

小型深海螺。

1 马歇尔小隙螺 *Larocheopsis marshalli* Lozouet，1998。
15 mm。MNHN图片。

钟螺目 Order Trochida

钟螺超科 Superfamily Trochoidea Rafinesque, 1815

钟螺科 Family Trochidae Rafinesque, 1815

又称马蹄螺科。钟螺科和蝾螺科的区别在于钟螺的口盖外表面不能增加更多的钙质。钟螺适应除极端高潮带和细泥环境外的广泛的生存环境。

2 费里拉钟螺，*Trochus ferreirai* Bozzetti，1996。菲律宾，
25 mm。

棘冠螺科 Family Angariidae Gray, 1857

螺塔低矮，壳面粗糙，密集螺旋线上有长刺装饰。壳内珍珠光泽强烈。脐开放，口盖角质。

3 花棘冠螺 *Angaria sphaerula* (Kiener, 1838)。菲律宾，
59 mm。

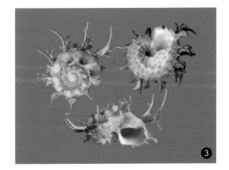

亚轮螺科 Family Areneidae McLean, 2012

　　壳小，低矮陀螺状，壳厚而结实。壳口小，口缘加厚。壳面或有突出的立体装饰。口盖钙质，有珠串螺旋线。

❶ 红亚轮螺 *Arene cruentata* (Megerle von Mühlfeld, 1824)。伯力兹，8 mm。

丽口螺科 Family Calliostomatidae Thiele, 1924

　　壳小到中型，外形似钟螺，本科和钟螺的区别在于齿舌。壳口倾斜，外唇和螺轴交会处形成一折角。多数无脐。

❷ 台湾丽口螺 *Calliostoma formosense* E. A. Smith, 1907。中国，62 mm。

科龙螺科 Family Colloniidae Cossmann, 1917

　　壳厚，小，圆形，光滑或者有螺旋线。脐孔封闭，个别物种部分封闭。口盖钙质，圆形，中心有小孔或者螺旋线。

❸ 克莱普科龙螺 *Collonista kreipli* Poppe, Tagaro & Stahlschmidt, 2015。菲律宾，7 mm。

康拉螺科 Family Conradiidae Golikov & Starobogatov, 1987

壳小，结实，不透明，外形似玉轮螺但内侧无珍珠层。壳面装饰有明显的螺旋线或者放射肋。壳口外唇加厚。脐孔封闭，但有假脐开放，位于脐环突和轴唇之间。曾置于玉轮螺科，更早置于螺科。

① 圆肋康拉螺 *Conradia cingulifera* A. Adams, 1860。菲律宾，6 mm。

圆孔螺科 Family Liotiidae Gray, 1850

有一层钙质壳皮，有轴向鳞片刻饰或棱。壳口完整，圆形，外唇加厚，口盖钙质且有小瘤。珍珠层不明显。

② 坡龙圆孔螺 *Liotinaria peronii* (Kiener, 1838)。印度尼西亚，9 mm。

珠光螺科 Family Margaritidae Thiele, 1924

曾为钟螺科一亚科，后被移到螺科，动物特征和壳特征都难以吻合这两个科特征，现在提升为独立的科。壳小，脐开放。口盖角质，多旋线。

③ 海珠珠光螺 *Margarites helicinus* (Phipps, 1774)。美国，5 mm。

雉螺科 Family Phasianellidae Swainson, 1840

　　口盖上有一不强的支撑薄片。壳表螺旋线被波状轴向色带打断。

❶ 澳大利亚雉螺 *Phasianella australis* (Gmelin, 1791)。澳大利亚, 61 mm。

玉轮螺科 Family Skeneidae W. Clark, 1851

　　仅凭壳特征难以界定本科。壳小, 和钟螺的区别在于珍珠层退化。

❷ 卡尔多玉轮螺 *Leucorhynchia caledonica* Crosse, 1867。菲律宾, 3 mm。

太阳螺科 Family Solariellidae Powell, 1951

　　贝壳小, 一般不超过 10 mm, 螺层外形从有双龙骨到圆形。开口圆形, 有脐。脐孔外或有珠线缠绕, 孔内有轴向细纹。齿舌也是本科的重要鉴定特点。

❸ 五岛太阳螺 *Microgaza gotoi* Poppe, Tagaro & Dekker, 2006。菲律宾, 15 mm。

塔格螺科 Family Tegulidae Kuroda, Habe & Oyama, 1971

一直作为蝾螺科或钟螺科的一个亚科，现独立为科。多旋线角质口盖。有些物种脐开放。

① 大马蹄螺 *Rochia nilotica* (Linnaeus, 1767)。菲律宾，121 mm。

蝾螺科 Family Turbinidae Rafinesque, 1815

完全钙质的口盖和特别的齿舌是重要的科特征。口盖有很长的生长线。本科物种全部植食，主要生活在石灰岩基底上。

② 乔丹大蝾螺 *Turbo jourdani* Kiener, 1839。澳大利亚，203 mm。

Family Anomphalidae Wenz, 1938

Family Araeonematidae Nützel, 2012

Family Nododelphinulidae Cox, 1960

Family Elasmonematidae Kight, 1956

Family Epulotrochidae Gründel,
  Keupp & Lang, 2017

Family Eucochlidae Bandel, 2002

Family Metriomphalidae Gründel,
  Keupp & Lang, 2017

Family Microdomatidae Wenz, 1938

Family Proconulidae Cox, 1960

Family Sclarotrardidae Gründel,
  Keupp & Lang, 2017

Family Tychobraheidae Horny, 1992

Family Velainellidae Vasseur, 1880

以上 12 科只有化石记录。

蜓螺亚纲 | Subclass Neritimorpha

Superfamily Nerrhenoidea Bandel & Heidelberger, 2001
  Family Nerrhenidae Bandel & Heidelberger, 2001
Superfamily Platyceratoidea Dall, 1879
  Family Platyceratidae Hall, 1879

以上 2 超科只有化石记录,科以上分类位置需进一步研究。

Order Cyrtoneritida

Family Orthonychiidae Bandel & Frýda, 1999
Family Vltaviellidae Bandel & Frýda, 1999

以上 2 科只有化石记录。

圆蜓螺目 Order Cycloneritida

蝐蜗牛超科 Superfamily Helicinoidea Férussac, 1822

蝐蜗牛科 Family Helicinidae Férussac, 1822

又称树蜗牛科。壳小到中型,呼吸空气的陆生
蜗牛。分布于中南美洲、东南亚、新几内亚及太平
洋岛屿。壳塔形或球形,半圆形开口。如果有口盖,
则口盖为双层,内层角质,外层钙质。口盖上无肌
肉栓,但有一条状突起。生活在湿润的落叶中,或
栖息于树上。

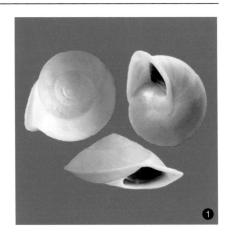

❶ 卡拉树蜗牛 *Helicina caracola* (Moricand, 1836)。巴西,
  20 mm。

微蜓螺科 Family Neritiliidae Schepman, 1908

壳很小，近球形。口盖后无钮，或有简单的结构但不发达，不成钮形或者突棱。

❶ 习见微蜓螺 *Neritilia vulgaris* Kano & Kase, 2003。菲律宾，4 mm。

海陆螺科 Family Proserpinidae Gray, 1847

有口盖，陆生或者海生。

❷ 平滑海陆螺 *Proserpina nitida planulata* Adams, 1851。牙买加，8 mm。

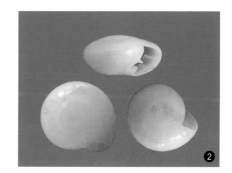

小海陆螺科 Family Proserpinellidae H. B. Baker, 1923

无口盖，但有复杂的口部牙齿和皱褶，陆生。

Family Dawsonellidae Wenz, 1938   Family Deianiridae Wenz, 1938

本超科以上 2 科只有化石记录。

Superfamily Naticopsoidea Waagen, 1880

Family Naticopsidae Waagen, 1880   Family Scalaneritinidae Bandel, 2007

Family Trachyspiridae Nützel, Frýda, Yancey & Anderson, 2007

Family Tricolnaticopsidae Bandel, 2007

本超科的 4 科只有化石记录。

蜒螺超科 Superfamily Neritoidea Rafinesque, 1815

蜒螺科 Family Neritidae Rafinesque, 1815

中文名也写作蜒螺科。典型的蜒螺有很低的螺塔，体螺层膨胀，"D"字形开口。口盖半圆，内侧有肌肉栓。螺轴加厚，扩展成一平台，平台上或有皱褶，牙齿，小瘤。广布于全球热带亚热带潮间带岩石和红树林地带，少数物种可生活在温带海域。半咸水和淡水中也有分布。

❶ 织锦蜒螺 *Nerita textilis* Gmelin, 1791。马达加斯加，35 mm。

Family Cortinellidae Bandel, 2000
Family Neridomidae Bandel, 2008
Family Ototomidae Bandel, 2008
以上 5 科只有化石记录。

Family Parvulatopsidae Gründel, Keupp & Lang, 2015
Family Pileolidae Bandel, Gründel & Maxwell, 2000

扁帽螺科 Family Phenacolepadidae Pilsbry, 1895

温带浅海广布。壳笠状或尖帽状，次生后左右对称，壳顶后倾。肌痕马蹄状，靠顶的螺层呈螺旋状。但体螺层剧烈膨胀，壳表有放射刻饰为壳皮覆盖，无完全发育的口盖。

❷ 美丽扁帽螺 *Phenacolepas pulchella* (Lischke, 1871)。日本, 10 mm。

拟蜒螺超科 Superfamily Neritopsoidea Gray, 1847

拟蜒螺科 Family Neritopsidae Gray, 1847

又称真珠蜑螺科，只有两种记录，都是海生。壳口卵圆有锯齿，内唇有齿，有一方形缺刻，这是科的特征。

❶ 齿舌拟蜒螺 *Neritopsis radula* (Linnaeus, 1758)。越南，37 mm。

Family Delphinulopsidae Blodgett, Frýda & Stanley, 2001

Family Fedaiellidae Bandel, 2007

Family Palaeonaricidae Bandel, 2007

Family Plagiothyridae Knight, 1956

Family Pseudorthonychiidae Bandel & Frýda, 1999

以上 5 科只有化石记录。

Superfamily Symmetrocapuloidea Wenz, 1938

Family Symmetrocapulidae Wenz, 1938

本科只有化石记录。

Family Acanthonematidae Wenz, 1938

Family Ampezzanildidae Bandel, 1994

Family Coelostylinidae Cossmann, 1908

Family Kettlidiscidae Cox, 1960

Family Plicatusidae Pan & Erwin, 2002

Family Pragoscutulidae Frýda, 1998

Family Pseudomelaniidae R. Hoermes, 1884

Family Spanionematidae Golikov & Starobogatov, 1987

Family Spirostylidae Cossmann, 1909

以上各科只有化石记录，未分置于超科。

Superfamily Denropupoidea Wenz, 1938

Family Dendropupidae Wenz, 1938

Family Anthracopupidae Wenz, 1938

本超科 2 科只有化石记录。

Superfamily Peruneloidea Frýda & Bandel, 1997

Family Perunelidae Frýda & Bandel, 1997

Family Chuchlinidae Frýda & Bandel, 1997

Family Imoglobidae Nützel, Erwin & Mapes, 2000

Family Sphaerodomidae Bandel, 2002

本超科 4 科只有化石记录。

Superfamily Subulitoidea Lindström, 1884

Family Subulitidae Lindström, 1884

Family Ischnoptygmatidae Erwin, 1988

本超科 2 科只有化石记录。

古舌拟目 Grade Architaenioglossa

瓶螺超科 Superfamily Ampullarioidea Gray, 1824

瓶螺科 Family Ampullariidae Gray, 1824

又称苹果螺或者福寿螺。右旋或左旋，壳大型到特大型，一般为球形，极少扁平。口盖同心纹，角质或钙质。全球热带分布。因其具有一肺一鳃的特殊呼吸系统，故可水陆两栖。

❶ 沟瓶螺 *Pomacea canaliculata* (Lamarck, 1819)。阿根廷，59 mm。

环口螺超科 Superfamily Cyclophoroidea Gray, 1847

环口螺科 Family Cyclophoridae Gray, 1847

小到大型，左旋或右旋，陀螺状，有些物种会解旋脱节。开口圆或半圆，唇口外翻加厚。口盖角质或钙质，并旋线。有些物种有精致的花型和壳皮。分布在热带地域，东南亚、印度、马达加斯加、非洲等，少数物种分布到东亚及北澳大利亚。陆生。

❷ 宋迈环口螺 *Cyclophorus songmaensis* Morelet, 1891。中国，57 mm。

盖蛹蜗牛科 Family Aciculidae Gray, 1850

小型陆生贝类，有口盖，但是通常生活在湿度极大的环境下。

① 华丽盖蛹蜗牛 *Renea spectabilis* (Rossmässler, 1839)。斯洛伐克，5 mm。

芝麻蜗牛科 Family Diplommatinidae L. Pfeiffer, 1857

小型陆贝。左旋或右旋，螺塔高，体螺层收缩或略膨胀。唇口大幅度外翻。口盖角质，密旋线。壳口有皱褶或齿。发达的轴向肋。

② 凯特芝麻蜗牛 *Plectostoma kitteli* (Maassen, 2002)。印度，3 mm。

Family Ferussinidae Wenz, 1923

本科只有化石记录。

美赞螺科 Family Maizaniidae Tielecke, 1940

小型陆生贝类，有口盖。

③ 华氏美赞螺 *Maizania wahlbergi* (Benson, 1852)。南非，18 mm。

巨腹蜗牛科 Family Megalomastomatidae Blanford, 1864

热带陆生，有口盖。

① 斯科普巨腹蜗牛 *Farcimen vinalense scopulorum* de la Torre & Bartsch, 1942。古巴，25 mm。

新环口螺科 Family Neocyclotidae Kobelt & Möllendorff, 1897

热带陆生，有口盖。

② 卡拉新环口螺 *Neocyclotus carabobensis* (Bartsch & Morrison, 1942)。委内瑞拉，18 mm。

豆蜗牛科 Family Pupinidae L. Pfeiffer, 1853

壳小到大型，蛹状。颜色从白到黄，少数物种粉或红。多数壳表平滑，少数有轴向刻饰。种类繁多，广布于东南亚、澳大利亚及中南太平洋岛屿。

③ 罗策豆蜗牛 *Pollicaria rochebruni* (Mabille, 1887)。中国，37 mm。

田螺超科 Superfamily Viviparoidea Gray, 1847

田螺科 Family Viviparidae Gray, 1847

淡水生物种，中到大型，梨形或陀螺形。颜色绿黄到黄，或有深色带。开口大，圆或半圆，唇简单，无翻折。口盖角质，同心生长纹。外表或有螺旋线、棱或者瘤。

❶ 真宗田螺 *Viviparus viviparus* (Linnaeus, 1758)。比利时，38 mm。

Family Pliopholygidae D. W. Taylor, 1966

本科只有化石记录。

吸腔列目 Cohort Sorbeoconcha

Family Brachytrematidae Cossmann, 1906

本科只有化石记录，未分置于超科。

球螺科 Family Globocornidae Espinosa & Ortea, 2010

海生物种。

Family Prostyliferidae Bandel, 1992

本科只有化石记录，未分置于超科。

Superfamily Acteoninoidea Cossmann, 1895

Family Acteoninidae Cossmann, 1895

Superfamily Orthonematoidea Nützel & Bandel, 2000

Family Orthonematidae Nützel & Bandel, 2000

Family Goniasmatidae Nützel & Bandel, 2000

Superfamily Palaeostyloidea Wenz, 1938

Family Palaeostylidae Wenz, 1938

Superfamily Pseudozygopleuroidea Knight, 1930

Family Pseudozygopleuridae Knight, 1930

Family Goniospiridae Golikov & Starobogatov, 1987

Family Pommerozygiidae Gründel, 1999

Family Protorculidae Bandel, 1991

Family Zygopleuridae Wenz, 1938

Superfamily Soleniscoidea Knight, 1931

Family Soleniscidae Knight, 1931

Family Anozygidae Bandel, 2002

Family Meekospiridae Knight, 1956

以上 5 超科 12 科均只有化石记录。

卡磐螺亚列目 Subcohort Campanilimorpha

卡磐螺超科 Superfamily Campaniloidea Douvillé, 1904

卡磐螺科 Family Campanilidae Douvillé, 1904

曾被置于海蜷科、钟螺科。

❶ 钟形卡磐螺 *Campanile symbolicum* Iredale, 1917。澳大利亚, 189 mm。

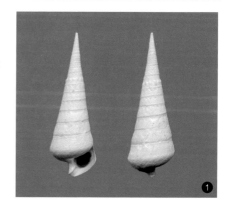

海瓶螺科 Family Ampullinidae Cossmann, 1919

曾被置于玉螺科。

❶ 波光海瓶螺 *Cernina fluctuata* (G. B. Sowerby I, 1825)。
菲律宾, 70 mm。

Family Diozoptyxidae Pchelintsev, 1960
Family Gyrodidae Wenz, 1938
Family Metacerithiidae Cossmann, 1906
Family Settsassiidae Bandel, 1992
以上 7 科只有化石记录。

Family Trypanaxidae Gougerot & Le
  Renard, 1987
Family Tylostomatidae Stoliczka, 1868
Family Vernediidae Kollmann, 2005

元钟螺科 Family Plesiotrochidae Houbrick, 1990

日本、中国, 往南直到菲律宾都有分布, 但物种不多。早期文献中, 根据贝壳学特征各物种分属不同的科, 因解剖学特征而设立此科。

❷ 单环元钟螺 *Plesiotrochus unicinctus* (A. Adams, 1853)。
菲律宾, 5 mm。

蟹守螺亚列目 Subcohort Cerithiimorpha

Family Canterburyellidae Bandel, Gründel & Maxwell, 2000

Family Cassiopidae Beurlen, 1967

Family Cryptaulacidae Gründel, 1976

Family Eustomatidae Cossmann, 1906

Family Juramelanatriidae Bandel, 2006

Family Ladinulidae Bandel, 1992

Family Lucmeriidae Gründel, 2005

Family Maoraxidae Bandel, Gründel & Maxwell, 2000

Family Popenellidae Bandel, 1992

Family Probittiidae Bandel, 2006

Family Procerithiidae Cossmann, 1906

Family Propupaspiridae Nützel, Pan & Erwin, 2002

Family Zardinellopsidae Bandel, 2006

以上 13 科都只有化石记录，未分置于超科。

蟹守螺超科 Superfamily Cerithioidea Fleming, 1822

蟹守螺科 Family Cerithiidae Fleming, 1822

本超科最大的科。壳长锥形，螺层多，成串的珠粒螺旋刻饰或轴向刻饰。一般有发达的前水管。卵圆开口，壳口加厚外翻。口盖卵圆，角质，偏心线。个别物种外形类似拔梯螺和海蜷，但口盖旋线和生活环境可以明显区分。

❶ 宝塔蟹守螺 *Cerithium nodulosum* Bruguière，1792。菲律宾，99 mm。

拔梯螺科 Family Batillariidae Thiele, 1929

又称滩栖螺，物种不多，但在西太平洋温带到热带的滩涂上是优势物种。本科一度置于海蜷科，但解剖学特征支持为独立的科。另外，海蜷在温带并无分布。

❷ 多型拔梯螺 *Batillaria multiformis* (Lischke，1869)。越南，31 mm。

迪亚螺科 Family Dialidae Kay, 1979

印太区海域和入海口。壳小，不透明。口盖角质，偏心疏线。

1 半纹迪亚螺 *Diala semistriata* (Philippi, 1849)。菲律宾，3 mm。

方口螺科 Family Diastomatidae Cossmann, 1894

曾经广布。现生 1 种，分布在澳大利亚东南部。长锥外形，精致的格子状刻饰，无前水管。

2 长锥方口螺 *Diastoma melanioides* (Reeve, 1849)。澳大利亚，41mm。

高蜷科 Family Hemisinidae P. Fischer & Crosse, 1891

淡水贝类。

3 金粒高蜷 *Pachymelania aurita* (O. F. Müller, 1774)。喀麦隆，30 mm。

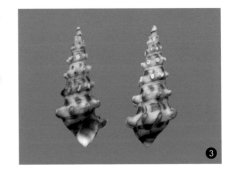

滑螺科 Family Litiopidae Gray, 1847

壳薄，光滑，锥形，5~8 螺层。开口卵圆，水管沟很弱，螺轴平滑或者有很弱的齿。一般只有很弱的螺旋刻饰。全球温带浅海分布。

❶ 玻璃滑螺 *Styliferina goniochila* A. Adams, 1860。中国，3 mm。

美兰螺科 Family Melanopsidae H. Adams & A. Adams, 1854

淡水贝类，分布于南欧和非洲，大洋洲有少量物种。壳结实，或光滑，或有强肋。

❷ 粗肋美兰螺 *Melanopsis brachymorpha* Pallary, 1936。摩洛哥, 15 mm。

壶螺科 Family Modulidae P. Fischer, 1884

壳结实，陀螺状，脐开放，有轴齿。眼睛位于触角高度一半位置。大西洋和印太区温带海域分布。

❸ 大西洋壶螺 *Modulus modulus* (Linnaeus, 1758)。波多黎各, 9 mm。

椑螺科 Family Pachychilidae P. Fischer & Crosse, 1892

淡水贝类。螺结实，螺塔高。

1 黑椑螺 *Faunus ater* (Linnaeus, 1758)。泰国, 64 mm。

巴努螺科 Family Paludomidae Stoliczka, 1868

淡水贝类，壳结实，陀螺状，壳身或有螺旋线装饰，螺旋线上有珠粒或长刺。淡水生。

2 霍氏巴努螺 *Tiphobia horei* E. A. Smith, 1880。赞比亚, 42 mm。

皮克螺科 Family Pickworthiidae Iredale, 1917

小壳。壳白，螺塔高度变化大，或扁平或细高。开口圆，前倾，边缘加厚，形成一圆盘。脐或开或闭。热带印太区和大西洋潮下带常见空壳。

3 克氏皮克螺 *Sansonia kirkpatricki* (Iredale, 1917)。菲律宾, 4 mm。

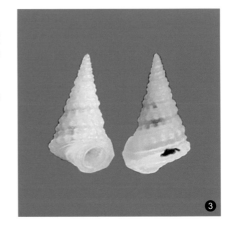

平轴螺科 Family Planaxidae Gray, 1850

　　小壳，全球分布。热带亚热带海生，和玉黍螺一样在潮间带岩石下或狭缝中聚集，习惯于避光。壳结实，外形似玉黍螺，但解剖特征有区别。平轴螺有宽的前水管，玉黍螺没有。

1️⃣ 平轴螺 Planaxis sulcatus (Born, 1778)。菲律宾, 28 mm。

川蜷科 Family Pleuroceridae P. Fischer, 1885 (1863)

　　淡水生，一般为锥形，口盖角质，同心纹。

2️⃣ 布鲁姆川蜷 Pleurocera brumbyi (Lea, 1852)。美国, 21 mm。

海蜷科 Family Potamididae H. Adams & A. Adams, 1854

　　全球热带亚热带分布，生活于红树林或江河入海口滩涂。长锥形，通常 20~100 mm 长。外套膜外观和齿舌特征与本超科其他类群有区别。

3️⃣ 望远镜海蜷 Telescopium telescopium (Linnaeus, 1758)。马来西亚, 89 mm。

微雕螺科 Family Scaliolidae Jousseaume, 1912

2~4 mm 的小螺，印太区热带和亚热带广布。长锥形，无唇留脉，或有轴向或螺旋刻饰，也有无刻饰黏附沙粒覆盖的。开口卵圆，无前水管。

1 纳塔尔微雕螺 *Finella natalensis* E. A. Smith, 1899。南非，4 mm。

半沟蜷科 Family Semisulcospiridae Morrison, 1952

淡水贝，分布于北美和东亚。

2 黑龙江短沟蜷 *Koreoleptoxis amurensis* (Gerstfeldt, 1859)。中国，28 mm。

蚯蚓螺科 Family Siliquariidae Anton, 1838

又称蛇螺科。中到大型，海生，外形似锥螺，但解旋脱节。以悬浮颗粒为食，生活于潮下带或潮间带。和锥螺相比，螺层膨胀，螺层间彻底脱节，轴向有裂缝。

3 曲明蚯蚓螺 *Tenagodus cumingii* Mörch, 1861。印度尼西亚，68 mm。

锥蜷科 Family Thiaridae Gill, 1871

　　全球淡水和半咸水中分布，主要在热带。壳或厚或薄，但结实，成贝有不同程度的壳表装饰。壳口圆或者卵圆，一般无水管槽，个别物种有水管槽亦不发展为水管。口盖卵圆，偏心或中心疏旋线。

1 格子锥蜷 *Thiara cancellata* Röding, 1798。菲律宾，28 mm。

锥螺科 Family Turritellidae Lovén, 1847

　　全球分布，一般在潮下带到大陆架深水区，生活于软的泥沙底或贝壳屑中，偶尔发现于岩石区。长锥形，多螺层，螺旋线刻饰。壳口圆或带角，无水管槽，唇有一向后的宽窦。

2 锥螺 *Turritella terebra* (Linnaeus, 1758)。菲律宾，137 mm。

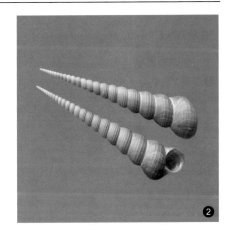

高新腹足亚列目 Subcohort Hypsogastropoda

莱奥螺科 Family Lyocyclidae Thiele, 1925

本科未分置于超科。

① 方盘莱奥螺 *Lyocyclus valdesquameus* Rubio & Rolán,
2021。新喀里多尼亚，4.5 mm。MNHN图片。

渊金螺超科 Superfamily Abyssochrysoidea Tomlin, 1927

渊金螺科 Family Abyssochrysidae Tomlin, 1927

深海螺类。

② 巴西渊金螺 *Abyssochrysos brasilianum* Bouchet, 1991。
巴西，22 mm。MNHN 图片。

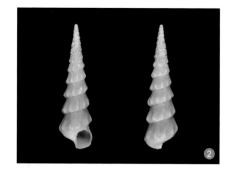

普万螺科 Family Provannidae Warén & Ponder,
1991

深水海螺，壳小到中型。螺塔或高或低。口有
弱的前后水管。口盖角质，疏旋线。有壳皮，眼睛
退化。

③ 高塔普万螺 *Provanna ios* Warén & Bouchet, 1986。北
太平洋，9.5 mm。MNHN图片。

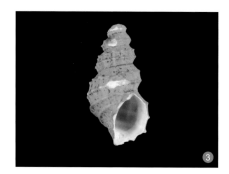

Family Hokkaidoconchidae Kaim, Jenkins & Warén, 2008

Family Paskentanidae Kaim, Jenkins, Tanabe & Kiel, 2014

以上 2 科只有化石记录。

尖帽螺超科 Superfamily Capuloidea Fleming, 1822

尖帽螺科 Family Capulidae Fleming, 1822

螺塔高,有螺旋塔或成笠状,通常有带毛皮。早期有口盖,成熟后丢失。常有分类意见将它们分为两科,笠状的为尖帽螺科,而有螺旋塔的为毛螺科或者发脊螺科。

❶ 睡帽尖帽螺 *Capulus ungaricus* (Linnaeus, 1758)。法国, 20 mm。

Family Gyrotropidae Bandel & Dockery, 2012

本科只有化石记录。

光环螺科 Family Haloceratidae Warén & Bouchet, 1991

深水物种,生活史和尖帽螺科不一致,故独立为一科。简单的钟形外壳,或呈圆盘状,螺层不多,螺旋肋。开口无水管,有宽脐,壳皮发达。

❷ 奥谷光环螺 *Zygoceras okutanii* Poppe & Tagaro, 2010。菲律宾, 4 mm。

小米螺超科 Superfamily Cingulopsoidea Fretter & Patil, 1958

小米螺科 Family Cingulopsidae Fretter & Patil, 1958

本超科中的 3 个科以前都归属鹿眼螺科。小于 3 mm 的小螺, 蛹状或压扁的钟形, 口盖带钮。因动物特征而独立为科。

① 螺丝小米螺 *Skenella paludinoides* (E. A. Smith, 1902)。南极圈(澳大利亚南向), 2 mm。Poppe 图片。

衣铜螺科 Family Eatoniellidae Ponder, 1965

壳小, 扁圆到锥形, 少有刻饰。颜色可变。开口卵圆或圆。口盖疏旋线, 中心居边, 内侧有凸起的弯钮。口盖和解剖学特征帮助科的鉴定。

② 河衣铜螺 *Crassitoniella flammea* (Frauenfeld, 1867)。澳大利亚, 2 mm。

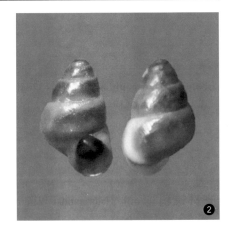

拉斯特螺科 Family Rastodentidae Ponder, 1966

小型海生螺, 光滑或者螺旋刻饰。口盖钮厚。科特征为特别的齿舌。

海蛳螺超科 Superfamily Epitonioidea Berry, 1910

海蛳螺科 Family Epitoniidae Berry, 1910

又称梯螺科，因外形似旋梯。肉食，底栖，常营洞穴。壳高塔形，有复杂精致的刻饰。

1 琦蛳螺 *Epitonium scalare* (Linnaeus, 1758)。菲律宾，65 mm。

紫螺科 Family Janthinidae Lamarck, 1822

又称海蜗牛科。肉食，靠自造黏液气泡在温带和热带海洋营漂浮生活，全球分布，壳球钟螺形，紫色。分子生物学数据显示此科可以并入海蛳螺科。

2 真宗紫螺 *Janthina janthina* (Linnaeus, 1758)。巴西，23 mm。

顶盖螺超科 Superfamily Hipponicoidea Troschel, 1861

顶盖螺科 Family Hipponicidae Troschel, 1861

又称马掌螺科。小型，酒杯状，有一腹盘。肌痕马蹄状。壳和腹盘都有开口。圆盘状足，无口盖。发育史和尖帽螺不同，捕食方式和舟螺不同。

3 南方顶盖螺 *Hipponix australis* (Lamarck, 1819)。澳大利亚，17 mm。

玉黍螺超科 Superfamily Littorinoidea Children, 1834

玉黍螺科 Family Littorinidae Children, 1834

又称滨螺科。全球分布,栖息于硬基底。螺小到中型,陀螺形或钟形。传统上,本科分类基于壳和齿舌特征,现在更多地强调生殖系统解剖学特征。

① 斑马玉黍螺 *Littoraria zebra* (Donovan, 1825)。巴拿马,31 mm。

通管螺科 Family Annulariidae Henderson & Bartsch, 1920

陆生贝类。在老一些的文献里,可以看到这组物种被置于圆口螺科或者盖螺科。

② 双唇通管螺 *Rhytidothyra bilabiata* (d'Orbigny, 1842)。古巴,17mm。

圆口螺科 Family Pomatiidae Newton, 1891

陆生贝类,发达的角质口盖,壳口全缘,外折加厚。在马达加斯加有丰富的分布。

③ 双龙骨圆口蜗牛 *Tropidophora tricarinata bicarinata* (Sowerby, 1843)。马达加斯加, 31 mm。

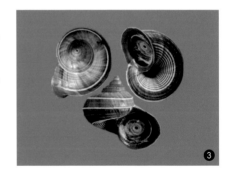

尘埃螺科 Family Skeneopsidae Iredale, 1915

海生小型贝类。

❶ 扁平尘埃螺 *Skeneopsis planorbis* (Fabricius，1780)。法国，2 mm。Poppe 图片。

南极螺科 Family Zerotulidae Warén & Hain, 1996

生活在南极海域的小型螺类，陀螺状或圆盘状，有口盖，螺身光滑或有强螺旋棱。

❷ 可疑南极螺 *Zerotula incognita* Warén & Hain，1996。北大西洋，1.7 mm。MNHN 图片。

Family Bohaispiridae Youluo, 1978
Family Leviathaniidae Harzhauser &
   Schneider, 2014
以上 4 科只有化石记录。

Family Purpuroideidae Guzhov, 2004
Family Tripartellidae Gründel, 2001

玉螺超科 Superfamily Naticoidea Guilding, 1834

玉螺科 Family Naticidae Guilding, 1834

以能钻孔捕食及黏附泥沙形成的卵圈知名。低螺塔，体螺层膨胀，开口大。有脐。外唇简单无修饰，内唇结釉加厚，釉或覆盖脐。潮间带或潮下带沙底掘洞捕食其他软体动物。

❶ 粉红玉螺 *Natica tabularis* Kuroda, 1961。中国，24 mm。

翼管螺超科 Superfamily Pterotracheoidea Rafinesque, 1814

翼管螺科 Family Pterotracheidae Rafinesque, 1814

成年个体无壳。

明螺科 Family Atlantidae Rang, 1829

有完全透明的壳，动物能缩回壳内。体螺层有薄龙骨。开口扩大，有薄的口盖。

❷ 培龙明螺 *Atlanta peroni* Lesueur, 1817。菲律宾，4 mm。

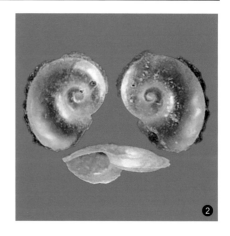

龙骨螺科 Family Carinariidae Blainville, 1818

有趣的浮游腹足类。壳非常薄，脆，动物不能缩回壳内。无损伤的壳极难采集到。

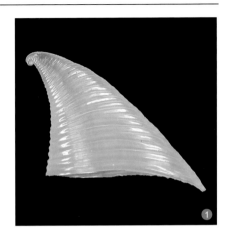

❶ 龙骨螺 *Carinaria cristata* (Linnaeus, 1767)。莫桑比克, 37 mm。Poppe 图片。

Family Bellerophinidae Destombes, 1984
本科只有化石记录。

三口螺超科 Superfamily Triphoroidea Gray, 1847

三口螺科 Family Triphoridae Gray, 1847

又称左口螺科。海生腹足类中唯一以左旋为主的科。壳小，螺塔高，螺层数很多。或长或短的前水管，后水管槽状或管状，开口或具一小管。表面刻饰变化多端。胎壳、螺层和齿舌是重要的科特征。一般生活在浅水区石下，个别生活水深可达 100 m。

❷ 琥珀三口螺 *Mastoniaeforis lifuana* (Hervier, 1897)。菲律宾, 6 mm。

Family Bellerophinidae Destombes, 1984
本科只有化石记录。

蟹寓螺科 Family Cerithiopsidae H. Adams & A. Adams, 1853

又称仿蟹守螺科、右锥螺科。外形似蟹守螺超科物种，壳小，塔高，柱状。外表刻饰多变。外唇不扩展，无唇留脉。口盖薄，角质，圆，旋线中心居中或在边缘。

① 多旋蟹寓螺 *Clathropsis multispirae* Cecalupo & Perugia，2011。菲律宾，5 mm。

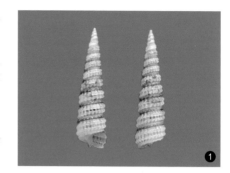

纽特螺科 Family Newtoniellidae Korobkov, 1955

壳似蟹寓螺，螺塔细长，有深刻装饰。胎壳有螺线，前水管突出，壳身有强壮的轴向棱。

② 白肋纽特螺 *Eumetula albachiarae* Cecalupo & Perugia，2014。波利尼西亚，2 mm。Poppe 图片。

管螺超科 Superfamily Vermetoidea Rafinesque, 1815

管螺科 Family Vermetidae Rafinesque, 1815

又称蛇螺科。管状壳，卷曲或规则或无规则，固着于硬基底。开口无前水管。如果有口盖，中心疏旋线或密旋线。幼虫阶段有 2~4 螺层。热带潮间带或者潮下浅水区生活，或独立或高密度集群生活。

③ 劳斯管螺 *Thylacodes roussaei* (Vaillant，1871)。菲律宾。

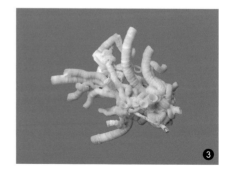

Family Sakarahellidae Bandel, 2006
本科只有化石记录。

麂眼螺宗 Clade Rissoiform

麂眼螺超科 Superfamily Rissooidea Gray, 1847

麂眼螺科 Family Rissoidae Gray, 1847

微型或小型螺，卵圆到长塔形。全世界浅海分布，少数物种在半咸水中生活。无有机内层，口盖单层，或厚或薄，偏心，内侧口盖钮或有或无。本科鉴定很难，各属间贝壳外形重叠。

① 帕拉多麂眼螺 *Rissoa paradoxa* (Monterosato, 1884)。西班牙，6 mm。

巴厘螺科 Family Barleeiidae Gray, 1857

浅海生微型和小型螺。胎壳有布纹刻饰，有机内层，外凸的单层厚口盖。口盖内侧有突出的口盖钮，中央有条状突起。以前归属麂眼螺，因解剖学特征独立为科。

② 百墩巴厘螺 *Barleeia verdensis* Gofas, 1995。塞内加尔，3 mm。Poppe 图片。

艾姆螺科 Family Emblandidae Ponder, 1985

只有一种记录。*Emblanda emblematica* (Hedley, 1906)，2 mm 长。壳结实，无脐。解剖学特征特别。极低潮带海藻上生活，分布在澳大利亚。

莱龙螺科 Family Lironobidae Ponder, 1967

小型，海生。曾被置于麂眼螺科。

1 陶盆莱龙螺 *Merelina taupoensis* Powell, 1939。新西兰, 2 mm。

小麂眼螺科 Family Rissoinidae Stimpson, 1865

壳小，通常呈长柱状。壳口加厚，有后沟。口盖内侧有。曾被置于麂眼螺科，因动物解剖学特征被单立为科。

2 厚唇小麂眼螺 *Rissoina labrosa* Schwartz von Mohrenstern, 1860。安的列斯, 6 mm。

泽滨螺科 Family Zebinidae Coan, 1964

曾被置于麂眼螺科，因动物解剖学特征独立为科。

3 玉台泽滨螺 *Microstelma oshikatai* Lan, 2003。菲律宾, 10 mm。

圆柱螺超科 Superfamily Truncatelloidea Gray, 1840

圆柱螺科 Family Truncatellidae Gray, 1840

又称断头螺科、截尾螺科。壳圆柱形，截头，螺塔高，轴向刻饰，有脐。半陆生或者陆生，主要生活在高潮线附近的植物和各种碎片中，热带和温带分布。

① 葛立尼圆柱螺 *Truncatella guerinii* A. Villa & J. Villa, 1841。澳大利亚，8 mm。

安尼螺科 Family Amnicolidae Tryon, 1863

有口盖的小型淡水螺。

② 立莫萨安尼螺 *Amnicola limosus* (Say, 1817)。美国，5 mm。

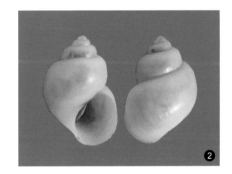

安纳螺科 Family Anabathridae Keen, 1971

小型海生贝类，似巴厘螺科，胎壳有布纹刻饰，有机内层。口盖扁平，双层，内侧无口盖钮，也无突起的棱。生殖系统和本超科其他科有区别。温带海域的潮间带和浅水区丰富。

③ 白线安纳螺 *Pisinna albizona* (Laseron, 1950)。澳大利亚，1 mm。

拟沼螺科 Family Assimineidae H. Adams & A. Adams, 1856

又称山椒蜗牛科，可在海水、淡水以及陆地环境生存。卵圆，或者塔形，螺层圆。小型，壳表光滑，常有色带、细线或槽。螺塔或高或低，开口简单，圆或椭圆，有些有折角。口盖薄，角质，偏心疏旋线。个别物种有厚的钙质口盖，内侧有突起物。全世界的热带到温带都有分布，但局限在低岸地带。

① 琵琶拟沼螺 *Assiminea lutea* (A. Adams, 1861)。中国，3 mm。

沼螺科 Family Bithyniidae Gray, 1857

又称豆螺科。淡水螺，卵球形或球塔形，螺层渐小，体螺层膨胀有限。表面有精致的旋线或细棱，极少有粗肋。开口圆或卵圆。钙质口盖，疏同心线。分布于欧洲、亚洲、非洲、澳大利亚，引入北美。

② 中华沼螺 *Parafossarulus sinensis* Faust, 1930。中国，12 mm。

小豆螺科 Family Bythinellidae Locard, 1893

淡水贝类，曾被置于安尼螺科。

③ 塞本小豆螺 *Bythinella cebennensis* (Dupuy, 1851)。法国，3 mm。

盲肠螺科 Family Caecidae Gray, 1850

　　小型海螺，管状至矮钟螺状甚至扁卷状。全球热带和温带海域分布。

① 佛罗里达盲肠螺 *Caecum floridanum* Stimpson, 1851。美国, 5 mm。

凯螺科 Family Calopiidae Ponder, 1999

　　小型海螺。

② 逸凯螺 *Calopia imitata* Ponder, 1999。澳大利亚, 2 mm。

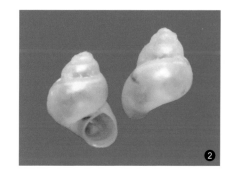

克氏螺科 Family Clenchiellidae D. W. Taylor, 1966

　　曾被置于泽螺科。

③ 小可比克氏螺 *Clenchiella microscopica* (Nevill, 1877)。泰国, 2 mm。

湖泊螺科 Family Cochliopidae Tryon, 1866

小型淡水螺。

1 伊萨湖泊螺 *Heleobia isabelleana* (d'Orbigny, 1840)。乌拉圭，3 mm。

小菜籽螺科 Family Elachisinidae Ponder, 1985

小型海螺。圆锥形螺，胎壳为圆球状。多数发现在浅水区，分布在北美东西两岸、东大西洋、夏威夷、东北亚、菲律宾和新西兰等海域。

2 齿纹小菜籽螺 *Elachisina ziczac* Fukuda & Ekawa，1997。中国，4 mm。

艾默螺科 Family Emmericiidae Brusina, 1870

小型淡水贝类。原被置于安尼螺科，因非贝壳学特征而分离为科。

3 帕图拉艾默螺 *Emmericia patula* (Brumati, 1838)。意大利，7 mm。

艾比螺科 Family Epigridae Ponder, 1985

小型海螺。

假环螺科 Family Falsicingulidae Slavoshevskaya, 1975

极小型海螺。

江旋螺科 Family Helicostoidae Pruvot-Fol, 1937

淡水贝类。中华江旋螺 *Helicostoa sinensis* Lamy, 1926 是此科唯一有记录的物种。只在长江流域有记录。

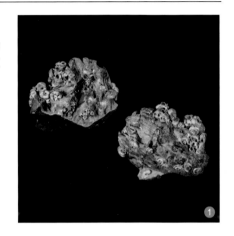

❶ 中华江旋螺 *Helicostoa sinensis* Lamy, 1926。长江，MNHN 图片。

泽螺科 Family Hydrobiidae Stimpson, 1865

又称艑螺科、钉螺科。海水、淡水或半咸水生活，壳长一般小于 8 mm。壳光滑，或有螺旋刻饰，少数有轴向肋或壳皮上有棱或刺。口盖中心或偏心，角质，内侧或有白色沉积。外形多变，苗条长锥形到膨胀的螺塔。螺塔矮的有脐，高的无脐。生活环境多样，江河入海口的滩涂、高山湖泊、山洞、河流甚至沙漠泉眼都有分布。分类史上，大量根据贝壳学特征难以定科的小型淡水螺类被置于此科，使得此科庞杂无比。随着非贝壳学特征的逐步应用，很多属从此科分离出去，这类分拆趋势还将持续。

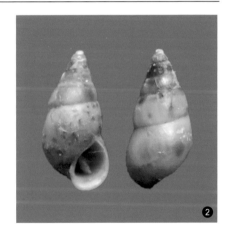

❷ 尤蔚泽螺 *Hydrobia ulvae* (Pennant, 1777)。德国，4 mm。

矶粒螺科 Family Hydrococcidae Thiele, 1928

外形似拟沼螺，海生或者半咸水生活。

❶ 布拉泽矶粒螺 *Hydrococcus brazieri* (Tenison Woods，1876)。澳大利亚，3 mm。

河口螺科 Family Iravadiidae Thiele, 1928

小螺，一般不到 10 mm，在海洋或入海口生活。壳结实，椭圆塔形或长塔形，胎壳低矮，螺塔平滑或有螺旋刻饰，格子状刻饰少见。口盖角质，偏心或边缘心。

❷ 微脆河口螺 *Hyala vitrea* (Montagu, 1803)。意大利，4 mm。

元螺科 Family Lithoglyphidae Tryon, 1866

淡水螺，有鳃和口盖。

❸ 弗莱蒙元螺 *Fluminicola fremonti* Hershler, Liu, Frest & Johannes, 2007。美国，3 mm。

Family Mesocochliopidae Yu, 1987
Family Palaeorissoinidae Gründel & Kowalke, 2002
以上 2 科只有化石记录。

莫氏螺科 Family Moitessieriidae Bourguignat, 1863

小型淡水螺类，曾置于泽螺科。

1️⃣ 均文莫氏螺 *Moitessieria juvenisanguis* H. Boeters & E. Gittenberger, 1980。法国，2 mm。

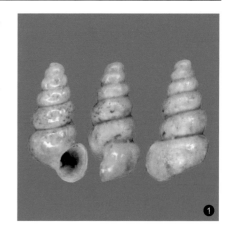

盖螺科 Family Pomatiopsidae Stimpson, 1865

淡水或半陆地生活，螺塔或高或低，口盖简单。解剖学上和泽螺相似，但雌性生殖系统有差别。一些属的物种如 *Oncomelania* 和 *Tricula* 是很多血液寄生虫的中间宿主。

2️⃣ 克罗克盖螺 *Pachydrobia crooki* Brandt, 1968。泰国，10 mm。

旋杆螺科 Family Spirostyliferinidae Layton, Middelfart, Tatarnic & N. G. Wilson, 2019

小型淡水螺类，胎壳和螺层都有显著的刻饰。

狭口螺科 Family Stenothyridae Tryon, 1866

又称粟螺科。淡水或半咸水生活，腹背缩扁，开口圆。口盖内侧有两条脊突起。壳表可能有小坑构成螺旋线。

❶ 光滑狭口螺 *Stenothyra glabra* A. Adams，1861。中国，4 mm。

泰特螺科 Family Tateidae Thiele, 1925

小型水生，淡水或者半咸水。曾被置于泽螺科。

❷ 赭石泰特螺 *Tatea rufilabris* (A. Adams, 1862)。澳大利亚，6 mm。

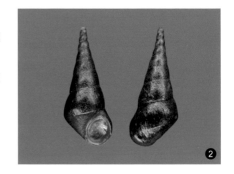

汤姆螺科 Family Tomichiidae Wenz, 1938

小型淡水螺，曾被置于泽螺科，后又被置于盖螺科。

❸ 哼得里克汤姆螺 *Tomichia hendrickxi* (Verdcourt, 1950)。刚果（金），4 mm。

齿轮螺科 Family Tornidae Sacco, 1896

壳小，矮钟螺形，少有塔形，脐大，体螺层宽。开口大而倾斜，周缘尖锐。角质口盖，疏旋线。全球分布，主要海生，也有淡水生。

❶ 里弗齿轮螺 *Pseudoliotia reeviana* (Hinds, 1843)。菲律宾，8 mm。

滑轮螺科 Family Vitrinellidae Bush, 1897

半咸水或海水生活。螺塔低矮，开口简单，有脐。壳表有螺旋刻饰。轴向刻饰只出现在腹部或者缝合处。有些作者会处理为齿轮螺科的一个亚科。

❷ 比优滑轮螺 *Cyclostremiscus beauii* (Fischer, 1857)。美国，8 mm。

瓦泥螺超科 Superfamily Vanikoroidea Gray, 1840

瓦泥螺科 Family Vanikoridae Gray, 1840

又称白雕螺科。壳小到中型，球形。体螺层大而膨胀，表面刻饰以轴向为主，也有螺旋刻饰。有些生活在热带或亚热带低潮带岩石下，也有很多采自深水区。

❸ 布纹瓦泥螺 *Vanikoro cancellata* (Lamarck, 1822)。澳大利亚，21 mm。

瓷螺科 Family Eulimidae Philippi, 1853

又称光螺科，寄生于棘皮动物。一般是用叮咬吸附手段外寄生，也有适应内寄生的。

① 马丁瓷螺 *Melanella martini* (A. Adams, 1854)。中国，21 mm。

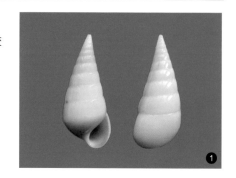

Family Gigantocapulidae Beu, 2007
此科只有化石记录。

壮腹足超目 Superorder Latrogastropoda

Family Colombellinidae P. Fischcer, 1884
此科只有化石记录，未分置于超科。

舟螺超科 Superfamily Calyptraeoidea Lamarck, 1809

舟螺科 Family Calyptraeidae Lamarck, 1809

滤食，无口盖，足部吸附在硬基底上定居。5~50 mm，都有宽开口，耳状或笠状，或有很矮的螺塔。螺轴变形为壳内支架，支撑内脏团。

② 大西洋舟螺 *Crepidula fornicata* (Linnaeus, 1758)。德国，35 mm。

宝螺超科 Superfamily Cypraeoidea Rafinesque, 1815

宝螺科 Family Cypraeidae Rafinesque, 1815

又称宝贝科。植食、杂食或者以海绵为食。通常双唇带齿。迄今为止，绝大部分分类都是基于贝壳学特征。主要是浅水物种，分布地主要是印太区，有些物种有广大的地理区域分布。

❶ 地图宝螺 *Leporicypraea mappa* (Linnaeus, 1758)。越南, 82 mm。

❷ 玛利亚宝螺 *Annepona mariae* (Schilder, 1927)。菲律宾, 11 mm。

 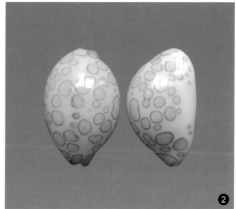

爱神螺科 Family Eratoidae Gill, 1871

小型海螺。

❸ 糙爱神螺 *Hespererato scabriuscula* (Gray, 1832)。巴拿马, 8 mm。

海兔螺科 Family Ovulidae Fleming, 1822

又称梭螺科。壳从卵圆到长梭形，或有很长的前后水管。外唇加厚为棱状，内唇无齿或少量后端齿。螺塔包埋。肉食，外套膜色彩鲜艳，花型奇特。全球分布。

① 长菱角螺 *Volva volva* (Linnaeus, 1758)。菲律宾，110 mm。

② 环纹海兔螺 *Margovula anulata* (Fehse, 2001)。菲律宾，17 mm。

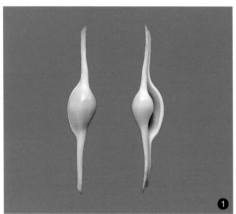

蛹螺科 Family Triviidae Troschel, 1863

又称猎女神螺科。球形，包埋螺塔，开口很窄，前后端有水槽。开口牙齿大多扩展到背部，多为白色，背部或有色块。全球热带分布，温带有少量物种。

③ 凯特蛹螺 *Trivellona catei* Fehse & Grego, 2004。菲律宾，9 mm。

海菇螺科 Family Velutinidae Gray, 1840

壳薄，螺塔低，开口广。

① 黑海菇螺 *Coriocella nigra* Blainville，1824。菲律宾，25 mm。

枇杷螺超科 Superfamily Ficoidea Meek, 1864

枇杷螺科 Family Ficidae Meek, 1864

又称琵琶螺科。小科。枇杷形，长，精致。螺塔低矮或平，体螺层膨大，开放的前水管很长。

② 大枇杷螺 *Ficus gracilis* (G. B. Sowerby I, 1825)。中国，113 mm。

凤凰螺超科 Superfamily Stromboidea Rafinesque, 1815

凤凰螺科 Family Strombidae Rafinesque, 1815

又称凤螺科。壳中到大型，最大可达 400 mm。螺塔低或塔形，平滑，或有刻饰，开口窄而长。外唇常外翻，有的有长刺。螺轴结束处似水管。口盖长形，眼柄很长，外唇前部有伸眼缺刻。印太区广泛分布，东太平洋和西大西洋也有。南非也有一种。潮间带或潮下带生活，少数可生活在深水中。

❶ 雄鸡凤凰螺 *Lobatus gallus* (Linnaeus, 1758)。波多黎各, 114 mm。

❷ 骆驼螺 *Lambis truncata* (Lightfoot, 1786)。越南, 273 mm。

❸ 铁斑凤凰螺 *Canarium urceus* (Linnaeus, 1758)。菲律宾, 43 mm。

鹅足螺科 Family Aporrhaidae Gray, 1850

中型海螺，分布于大西洋等海域。

① 鹅足螺 *Aporrhais pespelecani* (Linnaeus, 1758)。希腊，42 mm。

长鼻螺科 Family Rostellariidae Gabb, 1868

曾被置于凤凰螺科。

② 马丁氏长鼻螺 *Rostellariella martinii* (Marrat, 1877)。菲律宾，120 mm。

Family Dilatilabridae Bandel, 2007

Family Hippochrenidae Bandel, 2007

以上 4 科只有化石记录。

Family Thersiteidae Savornin, 1915

Family Pereiraeidae Bandel, 2007

飞弹螺科 Family Seraphsidae Gray, 1853

壳薄，子弹形，体螺层特别长，开口窄，水管开放。曾被置于凤凰螺科，因无外唇缺刻，独立为科。

① 飞弹螺 *Terebellum terebellum* (Linnaeus, 1758)。印度，60 mm。

鸵足螺科 Family Struthiolariidae Gabb, 1868

中型海螺，分布在新西兰一带。

② 大鸵足螺 *Struthiolaria papulosa* (Martyn, 1784)。新西兰，83 mm。

鹑螺超科 Superfamily Tonnoidea Suter, 1913

鹑螺科 Family Tonnidae Suter, 1913

壳大，薄，脆，近球形。螺塔低，体螺层大，螺旋线刻饰。开口简单，有前水管。

③ 鹧鸪鹑螺 *Tonna perdix* (Linnaeus, 1758)。澳大利亚，141 mm。

蛙螺科 Family Bursidae Thiele, 1925

中到大型。壳厚，表面有刻饰，浅水物种表面多硅藻。外唇后端有水管槽。主要生活在潮下带，肉食，珊瑚礁或岩石区常见。

1️⃣ 艳唇蛙螺 *Bufonaria foliata* (Broderip, 1826)。莫桑比克，86 mm。

冠螺科 Family Cassidae Latreille, 1825

壳结实，螺塔相对较低，体螺层大到可包埋前螺层。外唇加厚外翻，有唇留脉。内唇外翻，其上或后刻饰。前水管端或有扭曲。多数居浅水沙底，几乎都以棘皮动物为食。

2️⃣ 黑嘴唐冠螺 *Cassis tuberosa* (Linnaeus, 1758)。波多黎各，157 mm。
3️⃣ 淡黄冠螺 *Casmaria cernica* (Sowerby Ⅲ, 1888)。中国，30 mm。

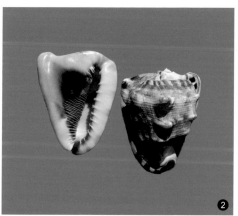

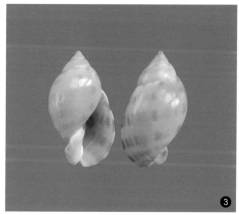

大法螺科 Family Charoniidae Powell, 1933

　　以前多作为嵌线螺科的一个属处理。个体大，物种不多，但全球热带海域都有分布。

① 大西洋大法螺 *Charonia variegata* (Lamarck, 1816)。海地，194 mm。

法螺科 Family Cymatiidae Iredale, 1913 (1854)

　　壳大而结实，有些作者会把此科和嵌线螺科合并。

② 角法螺 *Cymatium femorale* (Linnaeus, 1758)。多米尼加，135 mm。

劳白螺科 Family Laubierinidae Warén & Bouchet, 1990

　　海螺，有特别的解剖学特征。螺塔低矮，球形，或者锥形。壳脆，有不大的水管。

③ 纺锤劳白螺 *Laminilabrum breviaxe* Kuroda & Habe, 1961。中国，28 mm。

扭螺科 Family Personidae Gray, 1854

　　它们从白垩纪晚期就和嵌线螺有了独立的演化历史。解剖学特征更近枇杷螺。有些作者会将此科并入嵌线螺科。

❶ 耸肩扭法螺 *Distorsio kurzi* Petuch & Harasewych, 1980。越南, 51 mm。

嵌线螺科 Family Ranellidae Gray, 1854

　　中文名长期称为法螺科。外形、刻饰、生态都变化很大, 地理分布也广。

❷ 澳大利亚嵌线螺 *Ranella australasia* (Perry, 1811)。澳大利亚, 60 mm。

角枇杷螺科 Family Thalassocyonidae F. Riedel, 1995

曾被处理为一属置于枇杷螺科。

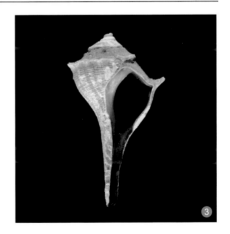

❸ 长角枇杷螺 *Thalassocyon bo-nus* Barnard, 1960。西南印度洋, Bouchet 图片。

Family Eosassiidae Bandel & Dockery, 2012　　Family Mataxidae Bandel & Dockery, 2012
此 2 科只有化石记录。

缀壳螺超科 Superfamily Xenophoroidea Troschel, 1852

缀壳螺科 Family Xenophoridae Troschel, 1852 (1840)

　　中到大型壳。壳表黏附各种碎片。广布于热带温带大陆架。

❶ 粗糙缀壳螺 *Xenophora cerea*（Reeve，1845）。菲律宾，79 mm。

新腹足目 Order Neogastropoda

凤螺科 Family Babyloniidae Kuroda, Habe & Oyama, 1971

　　又称东风螺科。中到大型壳，曾经归属峨螺科，根据解剖学特征独立为科，和榧螺科的关系更为亲近。

❷ 深沟凤螺 *Babylonia spirata*（Linnaeus，1758）。印度，68 mm。

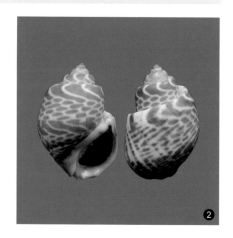

包囊螺科 Family Cystiscidae Stimpson, 1865

壳小，内壁因自溶吸收而变薄。轴齿除最前端两颗外不深入壳内。

1 艳美包囊螺 *Gibberula pulchella* (Kiener, 1834)。澳大利亚，6 mm。

杨桃螺科 Family Harpidae Bronn, 1849

又称竖琴螺科。肉食小科，球形或更膨胀，体螺层大。表面光泽强，有绚丽的色彩和花型。强轴向肋，短前水管。

2 百肋杨桃螺 *Harpa costata* (Linnaeus, 1758)。毛里求斯，71 mm。

谷米螺科 Family Marginellidae Fleming, 1828

又称缘螺科。一般螺塔不高，体螺层大，表面平滑有光泽，有轴齿。低潮带到 1000 m 水深都有发现，极少数物种生活在淡水中。

3 白点谷米螺 *Marginella goodalli* Sowerby I, 1825。塞内加尔，27 mm。

檀木螺科 Family Strepsiduridae Cossmann, 1901

　　壳厚而结实，球形，螺塔小而低，壳身光滑，表面有彩色线条装饰。

1 细线檀木螺 *Melapium lineatum* (Lamarck, 1822)。南非，24 mm。

Family Johnwyattiidae Serna, 1979

Family Perissityidae Popenoe &
　Saul, 1987

Family Pseudotritoniidae Golikov &
　Starobogatov, 1987

Family Purpurinidae Zittel, 1895

Family Speightiidae Powell, 1942

Family Taiomidae Finlay &
　Marwick, 1937

新腹足目以上 11 科未分置于超科中，需要进一步的研究数据。

Superfamily Pholidotomoidea Cossmann, 1896

Family Pholidotomidae Cossmann, 1896

Family Sarganidae Stephenson, 1923

Family Moreidae Stephenson, 1941

Family Weeksiidae Sohl, 1961

本超科只有化石记录。

涡螺超科 Superfamily Volutoidea Rafinesque, 1815

涡螺科 Family Volutidae Rafinesque, 1815

　　右旋，纺锤状，有些物种包埋螺塔。或有艳丽颜色，精致花型。表面釉光或棕色壳皮。胎壳光滑，有的有多螺层，一般是 1~3 螺层。轴齿数量可变，多为 3~5 枚，或有很多弱齿。少数属有口盖。肉食，全球分布，南半球丰富，但北大西洋无记录。

❶ 闪电椰子涡螺 Melo umbilicatus Broderip in G. B. Sowerby I, 1826。澳大利亚，306 mm。

❷ 蝙蝠涡螺 Cymbiola vespertilio (Linnaeus, 1758)。菲律宾，85 mm。

❸ 哈密涡螺 Fulgoraria hamillei (Crosse, 1869)。中国，130 mm。

❹ 深沟涡螺 Amoria canaliculata (McCoy, 1869)。澳大利亚，57 mm。

核螺科 Family Cancellariidae Forbes & Hanley, 1851

又称衲螺科。小到中型，纺锤状到卵圆状，螺层或形成台阶状。有螺旋和轴向刻饰，故表面多为格子。一般有 2~3 枚轴齿。原则性的鉴定特征是前消化系统。

① 卷尾核螺 *Trigonostoma thysthlon* (Petit & Harasewych, 1987)。中国，18 mm。

峨螺超科 Superfamily Buccinoidea Rafinesque, 1815

峨螺科 Family Buccinidae Rafinesque, 1815

峨螺科非常庞杂，多达两百多属和亚属，多宗或杂宗。难以归纳统一的贝壳学特征。壳或大或小，球形或纺锤形，肩膀或强或弱，水管或管状或槽状，螺轴平滑无褶。刻饰有小肋、瘤或线。壳皮黄棕或者深棕。口盖厚，长形、偏心和边心。近年，传统上属于该科的小型物种很多分离出去另行设科，科内一致性逐步增强。但仍然需要进一步的研究，尤其是分子生物学的研究。

② 越南绳纹峨螺 *Ancistrolepis vietnamensis* (Sirenko & Goryachev, 1990)。中国，94 mm。

澳峨螺科 Family Austrosiphonidae Cotton & Godfrey, 1938

小型到特大型海螺，分布很广，南极海域和北太平洋都有分布。原属峨螺科，分子研究支持独立设科。

③ 巨澳峨螺 *Penion maximus* (Tryon, 1881)。澳大利亚，172 mm。

峨笔螺科 Family Belomitridae Kantor, Puillandre, Rivasseau & Bouchet, 2012

曾被置于峨螺科，螺身，开口细长。

① 新布莱峨笔螺 *Belomitra leobrerorum* Poppe & Tagaro, 2010。菲律宾，40 mm。Poppe 图片。

新峨螺科 Family Buccinanopsidae Galindo, Puillandre, Lozouet & Bouchet, 2016

南美温带水域分布，根据贝壳学特征，以往置于织纹螺科，但它们具有峨螺科物种的尺寸，特别大。分子生物学特征显示，和其他织纹螺的关系并不是很近。

② 巨新峨螺 *Buccinanops cochlidium* (Dillwyn, 1817)。乌拉圭，74 mm。

号角螺科 Family Busyconidae Wade, 1917

曾因宽阔的开口被置于香螺科，又根据解剖学特征置于峨螺科，但都不是合适的定位。独立设置一科得到了分子生物学的支持。大型贝壳，加勒比海海域分布。

③ 刺肩号角螺 *Busycon carica* (Gmelin, 1791)。美国，182 mm。

乔螺科 Family Chauvetiidae Kantor, Fedosov, Kosyan, Puillandre, Sorokin, Kano, R. Clark & Bouchet, 2021

　　曾被置于峨螺科，分布在地中海及相连的北大西洋。贝壳学特征和分子生物学特征都支持从峨螺科分离。

● 美纹乔螺 *Chauvetia tenuisculpta* Dautzenberg, 1913。塞内加尔，12 mm。

科尔螺科 Family Colidae Gray, 1857

　　曾被置于峨螺科。峨螺科特别庞杂，在分子生物学时代逐步分裂。本科物种广布于全球，中到大型，肩部圆滑。已经观察到食性的物种多能吸食鱼类血液。

● 冰岛科尔螺 *Colus islandicus* (Mohr, 1786)。摩洛哥，101 mm。

布纹螺科 Family Colubrariidae Dall, 1904

　　壳小到中型，纺锤状，胎壳光滑，壳身上有螺旋和轴向的细棱构成格子状装饰。内唇有厚釉。口盖相对壳口很小，卵圆，圆心偏下。

● 模糊布纹螺 *Colubraria obscura* (Reeve, 1844)。莫桑比克，35 mm。

麦螺科 Family Columbellidae Swainson, 1840

又称牙螺科。小到中型，外形多变。多数有口盖，双锥形，前水管短，开口窄，外唇有牙齿，内唇有褶。凭解剖学特征和峨螺科分开。以植物和动物组织为食，生活环境宽泛。

1 肥腰麦螺 *Columbella major* Sowerby I, 1832。厄瓜多尔，21 mm。

果仁螺科 Family Cominellidae Gray, 1857

南半球南部的小到中型海螺。曾被置于峨螺科或者织纹螺科。但这组物种很难凭外形在峨螺和织纹螺之间定位，独立为科则比较简明。

2 花生果仁螺 *Cominella nassoides* (Reeve, 1846)。新西兰，9 mm。

镝螺科 Family Dolicholatiridae Kantor, Fedosov, Kosyan, Puillandre, Sorokin, Kano, R. Clark & Bouchet, 2021

曾被置于旋螺科，但其齿舌特征与旋螺科其他物种的差异早就被注意到。分子生物学证据支持单列一科。小到中型的热带物种，大西洋和太平洋都有分布。

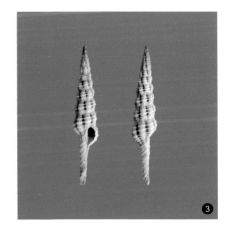

3 长矛镝螺 *Dolicholatirus lancea* (Gmelin, 1791)。菲律宾，37 mm。

Family Echinofulguridae Petuch, 1994
此科只有化石记录。

倭峨螺科 Family Eosiphonidae Kantor, Fedosov, Kosyan, Puillandre, Sorokin, Kano, R. Clark & Bouchet, 2021

抽取原峨螺科的几个属独立为科。这些物种的壳小到中型，个别比较大，广泛分布在大西洋和印太海域，外形和大型峨螺差别较大，但新设立的这个科内的物种的贝壳学特征仍然庞杂。

❶ 林氏倭峨螺 *Calagrassor hayashii* (Shikama, 1971)。东海，18 mm。

旋螺科 Family Fasciolariidae Gray, 1853

又称细带螺科。壳中到大型，纺锤状螺塔或高或低，螺肩或明显，水管发达，轴向或几乎轴向延伸。开口卵圆或半椭圆，外唇平滑或有小齿。螺轴在水管处翻卷，或有轴齿零到四粒。壳皮发达，厚，黄或深黄色。口盖边心，厚，长。齿舌可作科鉴定依据。

❷ 郁金香旋螺 *Fasciolaria tulipa* (Linnaeus, 1758)。美国，132 mm。

香螺科 Family Melongenidae Gill, 1871

中到大型壳，梨形或者纺锤形，多数有明显的肩。假脐，宽水管，螺轴无齿。口盖厚，边缘心。主要分布在热带海洋。

❸ 皇冠香螺 *Melongena corona* (Gmelin, 1791)。美国，62 mm。

织纹螺科 Family Nassariidae Iredale, 1916

　　较小，高塔，卵圆或纺锤状的壳，或有明显的螺肩。有一背向的水管槽。螺轴短且扭曲，或有齿，水管处有翻折。上颚齿也是科的鉴定特征。全球分布，主要分布在入海口和浅海软底海域，热带到温带为多。热带印太区物种丰富。

❶ 正织纹螺 *Nassarius livescens* (Philippi, 1849)。越南，23 mm。

皮亚螺科 Family Pisaniidae Gray, 1857

　　热带小型峨螺，曾被置于峨螺科，根据分子生物学研究单列为科。

❷ 美带皮亚螺 *Pisania fasciculata* (Reeve, 1846)。菲律宾，25 mm。

链珠螺科 Family Prodotiidae Kantor, Fedosov, Kosyan, Puillandre, Sorokin, Kano, R. Clark & Bouchet, 2021

　　全球热带海域广布，曾属于峨螺科。后根据贝壳学特征和齿舌特征置于皮亚螺科，现在根据分子生物学的研究，单置一科。

❸ 艳丽链珠螺 *Clivipollia pulchra* (Reeve, 1846)。菲律宾，23 mm。

南峨螺科 Family Prosiphonidae Powell, 1951

这是南极周边海域的物种，原属峨螺科，因为齿舌特别而置于一亚科中。现在分子生物学支持设立一科。壳小到中型，贝壳学特征差异较大。

① 瘤列南峨螺 *Austrofusus glans* (Röding, 1798)。新西兰，63 mm。

莱特螺科 Family Retimohniidae Kantor, Fedosov, Kosyan, Puillandre, Sorokin, Kano, R. Clark & Bouchet, 2021

北太平洋的小到中型物种，壳一般不厚，曾被置于峨螺科。

② 杰森莱特螺 *Retifusus jessoensis* (Schrenck, 1863)。日本，21 mm。

鼻峨螺科 Family Tudiclidae Cossmann, 1901

抽取原峨螺科的一些属构建的一个新科。分布地广泛，西非、热带印太海域、澳大利亚温带海域等都有。

③ 东海鼻峨螺 *Euthria japonica* (Shuto, 1978)。中国，60 mm。

骨螺超科 Superfamily Muricoidea Rafinesque, 1815

骨螺科 Family Muricidae Rafinesque, 1815

　　重要的捕食者。小到大型，外形多变，多数有复杂的表面装饰。一般有唇留脉，唇留脉上多有刺或瘤。不存在能将骨螺和其他科分开的单一特征。本科属一级分类繁杂，且定义界限不清。海生，极少数淡水生。

① 维纳斯骨螺 *Murex pecten* (Lightfoot, 1786)。菲律宾，131 mm。

② 秀美千手螺 *Chicoreus saulii* (Sowerby Ⅱ, 1841)。菲律宾，94 mm。

③ 似鲍罗螺 *Concholepas concholepas* (Bruguière, 1789)。智利，90 mm。

④ 轻纱芭蕉螺 *Pterynotus pellucidus* (Reeve, 1845)。菲律宾，39 mm。

珊瑚螺科 Family Coralliophilidae Chenu, 1859

壳中型，结实，多为白色。有口盖，口缘锋利。壳形多为长球形或略拉长。壳表有螺旋线装饰，多数物种有发达的刺状突起。很多作者处理为骨螺科一亚科。

❶ 耸肩珊瑚螺 *Coralliophila squamulosa* (Reeve, 1846)。菲律宾，29 mm。

圣螺超科 Superfamily Turbinelloidea Swainson, 1836

圣螺科 Family Turbinellidae Swainson, 1835

壳厚重，水管长，开放，有轴齿。胎壳大，球状，可多至五螺层，或未完全钙化。颜色单一，白到茶色。壳皮厚或薄，泛黄至深棕。口盖角质，边心。本科的几个亚科（如 Vasiane, Ptychatractinae, Tudiclinae）都曾独立为科，因为齿舌和解剖学特征而并入此科。

❷ 西印度圣螺 *Turbinella angulata* (Lightfoot, 1786)。巴哈马，300 mm。

纺轴螺科 Family Columbariidae Tomlin, 1928

又称类鸠螺科。纺锤形壳，球形胎壳一个半到两个螺层。无轴齿。螺肩有龙骨或刺，水管到口围上有螺旋刻饰。水管长，窄。

❸ 扶手旋梯螺 *Columbarium pagoda* (Lesson, 1831)。中国，67 mm。

蛹笔螺科 Family Costellariidae MacDonald, 1860

壳苗条或卵圆，明显的缝合线。轴向刻饰为主，有肋、颗粒、槽或很弱的螺旋棱。开口窄，除少数物种外，外唇内侧可见牙痕。内唇有 3~6 枚轴齿，上腭结釉。有水管槽，可直可弯曲。

1️⃣ 美发带蛹笔螺 *Vexillum filiareginae* (Cate, 1961)。菲律宾，79 mm。

龙王螺科 Family Ptychatractidae Stimpson, 1865

根据形态学，曾被置于涡螺科或者圣螺科，分子生物学证据支持单列一科。

2️⃣ 克雷登龙王螺 *Benthovoluta claydoni* (Harasewych, 1987)。澳大利亚，67 mm。

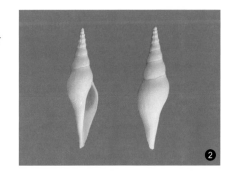

涡笔螺科 Family Volutomitridae Gray, 1854

曾被置于笔螺科，一度作为涡螺科的亚科，现在根据解剖特征独立为科。

3️⃣ 阿拉斯加涡笔螺 *Volutomitra groenlandica alaskana* Dall, 1902。俄罗斯，28 mm。

笔螺超科 Superfamily Mitroidea Swainson, 1831

笔螺科 Family Mitridae Swainson, 1831

    壳结实,纺锤或柱状,长开口,有轴齿。解剖学特征和蛹笔螺涡笔螺不一样。全球热带和温带海洋分布。

① 锦鲤笔螺 *Mitra mitra* (Linnaeus, 1758)。菲律宾,142 mm。

麦笔螺科 Family Charitodoronidae Fedosov, Herrmann, Kantor & Bouchet, 2018

    原笔螺科的 *Charitodoron* 属,因非贝壳学特征提升为科。

② 深海麦笔螺 *Charitodoron bathybius* (Barnard, 1959)。莫桑比克, 47 mm。MNHN图片。

塔笔螺科 Family Pyramimitridae Cossmann, 1901

    原笔螺科的物种,分子生物学研究支持设立为一科。

③ 深沟塔笔螺, *Hortia pseudotaranis* Kantor, Lozouet, Puillandre & Bouchet, 2014。新喀里多尼亚, 8 mm。MNHN图片。

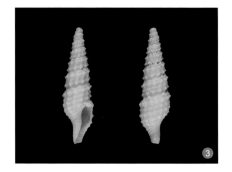

榧螺超科 Superfamily Olivoidea Latreille, 1825

榧螺科 Family Olividae Latreille, 1825

　　热带或温带的南部海生，少数物种居深水。壳结实，柱形，低螺塔，长而窄的开口，有轴齿。此类光泽强烈，色彩艳丽，花型多变。成贝无口盖。肉食沙栖。

❶ 正榧螺 *Oliva oliva* (Linnaeus, 1758)。菲律宾，31 mm。

弹头螺科 Family Ancillariidae Swainson, 1840

　　曾为榧螺科的亚科，分子生物学和贝壳学特征支持独立为科。

❷ 大弹头螺 *Ancillista velesiana* Iredale, 1936。澳大利亚，76 mm。

贝榧螺科 Family Bellolividae Kantor, Fedosov, Puillandre, Bonillo & Bouchet, 2017

　　原为榧螺科，分子生物学数据支持独立为科。

❸ 玉琢榧螺 *Jaspidella jaspidea* (Gmelin, 1791)。安的列斯，12 mm。

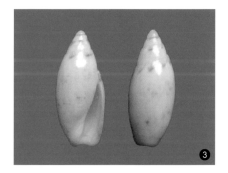

笨榧螺科 Family Benthobiidae Kantor, Fedosov, Puillandre, Bonillo & Bouchet, 2017

原为榧螺科一亚科，分子生物学数据支持独立为科。

① 大肋笨榧螺 *Fusulculus crenatus* Bouchet & Vermeij, 1998。新喀尔多尼，16mm。MNHN图片。

假榧螺科 Family Pseudolividae de Gregorio, 1880

曾分属峨螺科。

② 斑马假榧螺 *Luizia zebrina* (A. Adams, 1855)。安哥拉，14 mm。

芋螺超科 Superfamily Conoidea Fleming, 1822

芋螺科 Family Conidae Fleming, 1822

　　主要分布在热带，少数物种能分布到南（北）纬四十度，比如北美、欧洲和塔斯马尼亚。体螺层巨大，平滑，前端或有螺旋褶或轴向小肋。开口很窄，壳口和螺身平行。无轴齿。

① 大理石芋螺 *Conus marmoreus* Linnaeus, 1758。越南，109 mm。

② 海之荣光芋螺 *Conus gloriamaris* Chemnitz, 1777。菲律宾，110 mm。

③ 雪花芋螺 *Conus excelsus* Sowerby Ⅲ, 1908。菲律宾，74 mm。

④ 杀手芋螺 *Conus geographus* Linnaeus, 1758。越南，132 mm。

博松螺科 Family Borsoniidae Bellardi, 1875

壳小到中型，纺锤状或者双锥状。胎壳光滑或有轴向装饰。前水管短或稍长。肛缺刻位于缝合圈上，很深。以前多处理为卷管螺科一亚科。

❶ 扶桑博松螺 *Microdrillia niponica* (E. A. Smith, 1879)。菲律宾，2 mm。

包氏螺科 Family Bouchetispiridae Kantor, Strong & Puillandre, 2012

此科只记录一种微脆包氏螺，贝壳中型，薄，脆，透明。

❷ 微脆包氏螺 *Bouchetispira vitrea* Kantor, Strong & Puillandre, 2012。新喀尔多尼亚，25 mm。MNHN 图片。

Family Cryptoconidae Cossmann, 1896
此科只有化石记录。

双口螺科 Family Clathurellidae H. Adams & A. Adams, 1858

螺身长纺锤状，小到中型，壳身有深刻装饰。肛缺刻伸出壳口缘外。螺轴前端光滑，后端无轴齿。前水管略弯曲。无口盖。曾分置于卷管螺科或者芋螺科，分子生物学和解剖学支持独立为一科。

① 傲梅双口螺 *Glyphostoma otohimeae* Kosuge, 1981。菲律宾, 23 mm。

滑管螺科 Family Clavatulidae Gray, 1853

曾置于卷管螺科，小到中型，全球广布。

② 竹节滑管螺 *Clavatula spirata* (Lamarck, 1801)。安哥拉, 21 mm。

百旋螺科 Family Cochlespiridae Powell, 1942

原置于卷管螺科，贝壳学特征支持独立为科。壳中到大型，螺塔高，水管直，开放，稍长或很长，螺旋线装饰发达，几无轴向装饰。外唇有一窄而深的肛缺刻。

③ 半肋百旋螺 *Cochlespira pulchella semipolita* Powell, 1969。菲律宾, 28 mm。

拟芋螺科 Family Conorbidae de Gregorio, 1880

小到中型，壳型变化较大，螺身从修长到矮壮都有。壳身或有细线装饰，但无颗粒。齿舌特征支持从卷管螺科独立。

① 旋口拟芋螺 *Benthofascis biconica* (Hedley, 1903)。澳大利亚，35 mm.

锥利螺科 Family Drilliidae Olsson, 1964

细长双锥形，很多物种前水管截形，开口为长"U"形。轴向细棱装饰，背部多有唇留脉。曾置于卷管螺科，特别的齿舌支持独立为科。

② 瑞杰锥利螺 *Drillia regia* (Habe & Murakami, 1970)。菲律宾，56 mm。

梭卷管螺科 Family Fusiturridae Abdelkrim, Aznar-Cormano, Fedosov, Kantor, Lozouet, Phuong, Zaharias & Puillandre, 2018

原置于卷管螺科，因分子生物学研究独立设科。

③ 金腰带梭卷管螺 *Fusiturris similis* (Bivona Ant. in Bivona And, 1838)。加蓬，46 mm。

厚肋螺科 Family Horaiclavidae Bouchet, Kantor, Sysoev & Puillandre, 2011

　　壳小型，螺塔高，有明显的缝合环。壳身有光泽，有强纵向棱装饰，螺旋线装饰很少或很弱。肛缺刻较浅。无轴齿，前水管短。或无齿舌。曾被置于卷管螺科。

❶ 花白厚肋螺 *Horaiclavus splendidus* (A. Adams, 1867)。中国，23 mm。

芒吉螺科 Family Mangeliidae P. Fischer, 1883

　　壳小到中型，卵圆或纺锤状，螺塔低，体螺层长，有肩坡。无轴齿，外唇少有加厚结釉，或有齿。肛缺刻或浅或深，位于缝合环上。齿舌和外形支持从卷管螺独立出来。

❷ 肋小卷管螺 *Mangelia costulata* Risso, 1826。意大利，4 mm。

马氏螺科 Family Marshallenidae Abdelkrim, Aznar-Cormano, Fedosov, Kantor, Lozouet, Phuong, Zaharias & Puillandre, 2018

❸ 菲律宾马氏螺 *Marshallena philippinarum* (Watson, 1882)。中国，29 mm。

笔管螺科 Family Mitromorphidae Casey, 1904

曾被置于卷管螺科，综合形态、齿舌和分子数据独立为科。小到中型，长锥形或笔螺状，水管沟短。开口窄，有 3 轴齿。肛缺刻弱或不明显，位于缝合环上。壳身光滑，或有螺旋线装饰。

① 榧子笔管螺 *Mitromorpha oliva* Chino & Stahlschmidt, 2009。菲律宾，7 mm。

假美兰螺科 Family Pseudomelatomidae Morrison, 1966

壳小到大型，纺锤状。胎壳螺旋或疏或密，光滑或有装饰。螺层表面有强的螺旋和轴向棱，或有珠粒。无轴齿。前水管长。肛缺刻位于缝合环上，较深。口盖中心偏于一端。

② 山特假美兰螺 *Crassispira xanti* Hertlein & Strong, 1951。巴拿马，15 mm。

拉菲螺科 Family Raphitomidae Bellardi, 1875

小到大型，外形及表面装饰变化极大。曾被置于卷管螺科，解剖学特征和分子生物学特征支持独立为科。

③ 旋梯螺 *Thatcheria mirabilis* Angas, 1877。中国，95 mm。

窄管螺科 Family Strictispiridae McLean, 1971

曾被置于卷管螺科。小到中型，结实，表面有
轴向强棱和螺旋棱装饰。

❶ 兄弟窄管螺 *Strictispira coltrorum* Tippett, 2006。格林
纳达，8 mm。

笋螺科 Family Terebridae Mörch, 1852

外形独特，地理和生态分布都很单一，在热带和部分亚热带海域分布，主要生活在浅水
沙底。

❷ 钻笋螺 *Triplostephanus triseriatus* (Gray, 1834)。中国，81 mm。

❸ 大笋螺 *Oxymeris maculata* (Linnaeus, 1758)。菲律宾，230 mm。

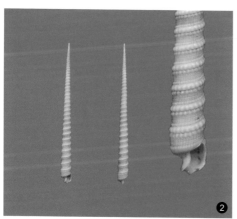

卷管螺科 Family Turridae H. Adams & A. Adams, 1853

　　从极地到赤道，从潮下带到深渊，所有的海域都有分布。最明显的特征是有卷管螺缺刻，位于外唇后端，但并非都很明显。历史上，这个科被当成了一些小到中型长锥形螺的"篮子"，大量难以定科的物种都被放入这个"篮子"，已经描述的物种至少有七百属一万多种。随着研究的深入，这个科还会继续被分拆。

❶ 巴比伦卷管螺 Turris babylonia (Linnaeus, 1758)。菲律宾，85 mm。

异鳃亚纲 | Subclass Heterobranchia

Family Dolomitellidae Bandel, 1994
Family Kuskokwimiidae Frýda & Blodgett, 2001
Family Misurinellidae Bandel, 1994
以上 3 科只有化石记录，未分置于超科。

Superfamily Acteonelloidea Gill, 1871
Family Acteonellidae Gill, 1871

Superfamily Nerineoidea Zittel, 1873
Family Ceritellidae Wenz, 1938
Family Eunerineidae Kollmann, 1898
Family Itieriidae Cossmann, 1896
Family Nerineidae Zittel, 1873
Family Nerinellidae Pchelintsev, 1960
Family Pseudonerineidae Pchelintsev, 1965
Family Ptygmatididae Pchelintseve, 1960

Superfamily Streptacidoidea Knight, 1931
Family Streptacididae Knight, 1931
Family Cassianebalidae Bandel, 1996
以上所有科都只有化石记录，目一级分类位置不明确。

下异鳃拟目 Grade "Lower Heterobranchia"

盘螺超科 Superfamily Valvatoidea Gray, 1840

盘螺科 Family Valvatidae Gray, 1840

小型淡水螺，有口盖。

❶ 三龙骨盘螺 *Valvata tricarinata* (Say, 1817)。加拿大，5 mm。

号形螺科 Family Cornirostridae Ponder, 1990

微型海螺，白色，半透明，壳扁。

❷ 白盘号螺 *Tomura yashima* Fukuda & Yamashita, 1997。日本，4 mm。

海亚螺科 Family Hyalogyrinidae Warén & Bouchet, 1993

微型，透明，低矮。小型海螺。

❸ 宽体海亚螺 *Hyalogyra expansa* B.A. Marshall, 1988。南太平洋，1.7 mm。MNHN图片。

Family Provalvatidae Bandel, 1991
此科只有化石记录。

车轮螺超科 Superfamily Architectonicoidea Gray, 1850

车轮螺科 Family Architectonicidae Gray, 1850

小到中型海螺，口盖有钮。

❶ 巨车轮螺 *Architectonica maxima* (Philippi, 1849)。澳大利亚，64 mm。

Fmaily Amphitomariidae Bandel, 1994   Family Cassianaxidae Bandel, 1996
以上 2 科只有化石记录。

雕蜷超科 Superfamily Mathildoidea Dall, 1889

雕蜷科 Family Mathildidae Dall, 1889

解剖学特征和车轮螺近似，但壳长锥形，刻饰丰富，口盖上无钮。

❷ 卡里雕蜷 *Mathilda carystia* Melvill & Standen, 1903。菲律宾，10 mm。

Family Gordenellidae Gründel, 2000   Family Trachoecidae Bandel, 1994

Family Schartiidae Nützel & Kaim, 2014

以上 3 科只有化石记录。

凹马螺超科 Superfamily Omalogyroidea G. O. Sars, 1878

凹马螺科 Family Omalogyridae G. O. Sars, 1878

微型海螺。

❶ 原子凹马螺 *Omalogyra atomus* (Philippi, 1841)。西班牙, 1.3 mm。Poppe 图片。

Family Stuoraxidae Bandel, 1994

此科只有化石记录。

穆奇螺超科 Superfamily Murchisonelloidea Casey, 1904

穆奇螺科 Family Murchisonellidae Casey, 1904

壳塔形或锥形, 口盖角质, 疏旋线。

❷ 博音穆奇螺 *Ebala pointeli* (de Folin, 1868)。西班牙, 3 mm。Poppe 图片。

Family Donaldinidae Bandel, 1994
此科只有化石记录。

Superfamily Rhodopoidea Ihering, 1876
Family Rhodopidae Ihering, 1876
此科无壳。

微盘螺超科 Superfamily Orbitestelloidea Iredale, 1917

微盘螺科 Family Orbitestellidae Iredale, 1917
壳小，盘状，具有光滑或者精致的刻饰，宽脐，胖螺塔或稍高。科鉴定特征为大腭。生活在浅水区域，全球分布。曾被置于钟螺、麂眼螺、盘螺。

骨盘螺科 Family Xylodisculidae Warén, 1992
小型扁卷状螺，口围或有龙骨。分布在澳大利亚和新西兰。

❶ 包氏骨盘螺 *Xylodiscula boucheti* Warén, Carrozza & Rocchini, 1992。地中海, 1.7 mm。MNHN 图片。

西马螺超科 Superfamily Cimoidea Warén, 1993

西马螺科 Family Cimidae Warén, 1993

壳小型，笋状。

① 明姑西马螺 *Cima mingoranceae* Rolán & Swinnen，2014。塞内加尔，1 mm。Poppe 图片。

真神经间纲 | Infraclass Euthyneura

贾氏螺科 Family Tjaernoeiidae Warén, 1991

此科目级分置待定。

② 精致贾氏螺 *Tjaernoeia exquisita* (Jeffreys, 1883)。瑞典，35 mm。Bouchet 图片。

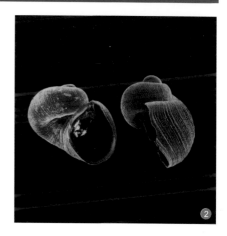

捻螺列目 Cohort Acteonimorpha

捻螺超科 Superfamily Acteonoidea d'Orbigny, 1843

捻螺科 Family Acteonidae d'Orbigny, 1843

外壳浑圆，相对结实，动物能缩回壳内。明显有塔，但不高，也不会被包埋。螺层可多达 8 层。开口窄，有轴齿。螺旋刻饰，有小凹槽。壳皮薄，有口盖。

❶ 三彩捻螺 *Acteon eloiseae* Abbott, 1973。阿曼, 26 mm。

泡螺科 Family Aplustridae Gray, 1847

外壳薄，球形或卵圆，可见螺塔，通常奶白色，螺旋色带。薄壳皮。开口大，前端宽，外唇薄。螺轴光滑弯曲，釉扩展到体螺层。

❷ 白带泡螺 *Hydatina albocincta* (van der Hoeven, 1839)。菲律宾, 56 mm。

艳捻螺科 Family Bullinidae Gray, 1850

外形似捻螺，有彩色装饰。

❸ 华贵艳捻螺 *Bullina nobilis* Habe, 1950。中国, 11 mm。

Family Cylindrobulinidae Wenz, 1938   Family Tubiferidae Cossmann, 1895
Family Zardinellidae Bandel, 1994
以上 3 科只有化石记录。

里斯螺超科 Superfamily Rissoelloidea Gray, 1850

里斯螺科 Family Rissoellidae Gray, 1850

壳小于 5 mm,平滑,薄脆。螺层外鼓,总体卵圆或圆塔形,体螺层大。开口宽卵圆形,口盖半圆,无螺旋,有短的口盖钮。曾被置于鹿眼螺科,但解剖学特征不符。

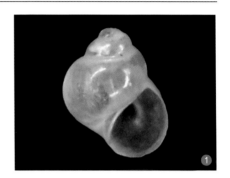

❶ 膨胀里斯螺 *Rissoella inflata* (Monterosato, 1880)。意大利, 1 mm。Poppe 图片。

露齿螺列目 Cohort Ringipleura

露齿螺亚列目 Subcohort Ringiculimorpha

露齿螺目 Order Ringiculida

露齿螺超科 Superfamily Ringiculoidea Philippi, 1853

露齿螺科 Family Ringiculidae Philippi, 1853

又称厚唇螺科。壳小,光泽,结实,圆或塔形。螺塔小,平滑,或有螺旋刻饰,少见轴向肋。开口大,但被轴和外唇限制。前水管窦状。

❷ 黑田露齿螺 *Ringicula kurodai* Takeyama, 1935。中国, 4 mm。

Subcohort Nudipleura

本亚列目以下各科成年个体均无外壳。

Order Pleurobranchida

Superfamily Pleurobranchoidea Gray, 1827
Family Pleurobranchidae Gray, 1827
Family Pleurobranchaeidae Pilsbry, 1896
Family Quijotidae Ortea, Moro & Bacallado, 2016

Order Nudibranchia

Suborder Doridina

Infraorder Bathydoridoidei

Superfamily Bathydoridoidea Bergh, 1891
Family Bathydorididae Bergh, 1891

Infraorder Doridoidei

Family Okadaiidae Baba, 1930
Superfamily Doridoidea Rafinesque, 1815
Family Dorididae Rafinesque, 1815
Family Discodorididae Bergh, 1891
Superfamily Polyceroidea Alder & Hancock, 1845
Family Polyceridae Alder & Hancock, 1845
Superfamily Chromodoridoidea Bergh, 1891
Family Chromodorididae Bergh, 1891
Family Actinocyclidae O' Donoghue, 1929
Family Hexabranchidae Bergh, 1891
Family Cadlinidae Bergh, 1891

Superfamily Onchidoridoidea Gray, 1827

Family Onchidorididae Gray, 1827   Family Aegiridae P. Fischer, 1883

Family Akiodorididae Millen & Martynov, 2005

Family Calycidorididae Roginskaya, 1972

Family Corambidae Bergh, 1871

Family Dendrodorididae O' Donoghue, 1924

Family Mandeliidae Valdés & Gosliner, 1999

Suborder Cladobranchia

Family Bornellidae Bergh, 1874

Family Embletoniidae Pruvot-Fol, 1954

Family Goniaeolididae Odhner, 1907

Family Heroidae Gray, 1857

Family Madrellidae Preston, 1911

Family Phylliroidae Menke, 1830

Family Pseudovermidae Thiele, 1931

Superfamily Arminoidea Iredale & O' Donoghue, 1923 (1841)

Family Arminidae Iredale & O' Donoghue, 1923 (1841)

Family Doridomorphidae Er. Marcus & Ev. Marcus, 1960 (1908)

Superfamily Doridoxoidea Bergh, 1899

Family Doridoxidae Bergh, 1899

Superfamily Proctonotoidea Gray, 1853

Family Proctonotidae Gray, 1853

Family Curnonidae d' Udekem d' Acoz, 2017

Family Dironidae Eliot, 1910

Family Lemindidae Griffiths, 1985

Superfamily Tritonioidea Lamarck, 1809

Family Tritoniidae Lamarck, 1809

Superfamily Dendronotoidea Allman, 1845

Family Dendronotidae Allman, 1845

Family Dotidae Gray, 1853

Family Hancockiidae MacFarland, 1923

Family Scyllaeidae Alder & Hancock, 1855

Family Tethydidae Rafinesque, 1815

Aeolid superfamilies

Superfamily Flabellinoidea Bergh, 1889

Family Flabellinidae Bergh, 1889

Family Notaeolidiidae Eliot, 1910

Superfamily Fionoidea Gray, 1857

Family Fionidae Gray, 1857

Family Calmidae Iredale & O'Donoghue, 1923

Family Cuthonellidae M. C. Miller, 1977

Family Cuthonidae Odhner, 1934

Family Lomanotidae Bergh, 1890

Family Pinufiidae Er. Marcus & Ev. Marcus, 1960

Family Tergipedidae Bergh, 1889

Family Trinchesiidae F. Nordsieck, 1972

Superfamily Aeolidioidea Gray, 1827

Family Aeolidiidae Gray, 1827

Family Pleurolidiidae Burn, 1966

Family Babakinidae Roller, 1973

Family Facelinidae Bergh, 1889

Family Glaucidae Gray, 1827

Family Piseinotecidae Edmunds, 1970

Family Unidentiidae Millen & Hermosillom, 2012

壳侧列目 Cohort Tectipleura

真后鳃亚列目 Subcohort Euopisthobranchia

伞螺目 Order Umbraculida

伞螺超科 Superfamily Umbraculoidea Dall, 1889 (1827)

伞螺科 Family Umbraculidae Dall, 1889 (1827)

壳扁平，动物解剖学特征独特。

❶ 伞螺 *Umbraculum umbraculum* (Lightfoot, 1786)。南非，34 mm。

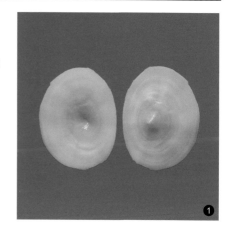

高伞螺科 Family Tylodinidae Gray, 1847

壳小，呈笠状，动物不能缩回壳内。

❷ 皮高伞螺 *Tylodina corticalis* (Tate, 1889)。澳大利亚，23 mm。

头楯目 Order Cephalaspidea

枣螺超科 Superfamily Bulloidea Gray, 1827

枣螺科 Family Bullidae Gray, 1827

壳中型，可超过 60 mm。膨胀，钙质，平滑，螺塔下沉或包埋。开口长度至少和螺长相等，前端圆，后端窄。螺轴平滑，但结釉又不明显。颜色不艳丽，或有一两条色带。未成年贝开口更窄，壳口超越壳顶外。植食，全球分布。

❶ 台湾枣螺 *Bulla ampulla* Linnaeus, 1758。莫桑比克，52 mm。

凹塔螺科 Family Retusidae Thiele, 1925

壳微到小型，群聚。从潮间带到 5000 m 深渊都有记录。壳柱状或梨形，后端略尖。开口细长，前端略阔。壳后端常截平，胎壳下沉，或形成乳状螺塔。壳通常平滑，或有轴向或螺旋刻饰。和卷壳螺的壳外形相似，但口部无腭和齿舌。

❷ 局限凹塔螺 *Truncacteocina coarctata* (A. Adams, 1850)。菲律宾，13 mm。

尖卷螺科 Family Rhizoridae Dell, 1952

小型螺类，壳薄，白色，动物的身体大于壳体。曾被置于凹塔螺科。

❸ 卵圆尖卷螺 *Rhizorus ovulinus* (A. Adams, 1850)。中国，5 mm。

拟捻螺科 Family Tornatinidae P. Fischer, 1883

小型海生螺。

❶ 沟拟捻螺 *Acteocina canaliculata* (Say, 1826)。美国，2 mm。

卷壳螺超科 Superfamily Cylichnoidea H. Adams & A. Adams, 1854

卷壳螺科 Family Cylichnidae H. Adams & A. Adams, 1854

卷壳螺科具有一些很原始的特征。壳钙化良好，或有薄的淡棕色壳皮。壳柱状，开口长而窄。螺塔下沉或高。

❷ 大卷壳螺 *Cylichna arachis* (Quoy & Gaimard, 1833)。澳大利亚，19 mm。

科林螺科 Family Colinatydidae Oskars, Bouchet & Malaquias, 2015

成贝约 2 mm，壳近方圆，前端宽，中部略外凸，外唇略高于螺塔。有花型。由分子生物学结论独立成新的科。

❸ 科林螺 *Colinatys* species。新喀里多尼亚。A. Valdés 图片。

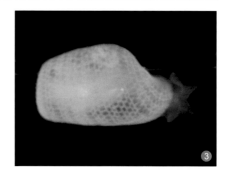

菱泡螺科 Family Diaphanidae Odhner, 1914

　　壳部透明，多小于 5 mm，薄脆，宽敞，有脐。螺塔可见但低。开口圆，前部宽。外唇有窦，螺轴无齿。

① 伊庞菱泡螺 *Toledonia epongensis* Valdés，2008。南太平洋，1.5mm。MNHN 图片。

古粗米螺科 Family Eoscaphandridae Chaban & Kijashko, 2016

　　原置于粗米螺科。

② 脆壳古粗米螺 *Eoscaphander fragilis* Habe，1952。中国，8 mm。

翼端螺科 Family Mnestiidae Oskars, Bouchet & Malaquias, 2015

　　成贝约 5 mm，柱形，厚，壳白，有火焰色彩或色带。壳身有螺旋线。不同作者曾置于头楯目的不同科，均非单宗，故独立为科。

③ 翼端螺 *Mnestia* species。新喀里多尼亚。A. Valdés 图片。

长葡萄螺超科 Superfamily Haminoeoidea Pilsbry, 1895

长葡萄螺科 Family Haminoeidae Pilsbry, 1895

壳薄脆，透明或半透明，干壳或有色，偶有色条或色带。壳皮薄。外形卵圆或者柱状，中部最宽。塔下沉，开口比较窄的后端会超越螺塔。前端开口宽，螺轴无齿，轴釉蔓延到体螺层上。

① 安地列葡萄螺 *Haminoea antillarum* (d'Orbigny, 1841)。美国，8 mm。

纽莱螺超科
Superfamily Newnesioidea Moles, Wägele, Schrödl & Avila, 2017

纽莱螺科 Family Newnesiidae Moles, Wägele,Schrödl & Avila, 2017

南极的物种，新独立为科。

薄泡螺超科 Superfamily Philinoidea Gray, 1850 (1818)

薄泡螺科 Family Philinidae Gray, 1850 (1815)

薄泡螺科代表了一种演化趋势，从薄脆外壳到完全内骨骼。壳长 2~40 mm。弱钙化，泛白，卵圆或长，壳口大，极少螺层。一般光滑，或有微小刻饰。栖息潮下带软泥底觅食。

② 东方薄泡螺 *Philine orientalis* A. Adams，1854。菲律宾，11 mm。

亚格螺科 Family Aglajidae Pilsbry, 1895

又称拟海牛科。本科定义基于解剖学特征。壳退化，有点像枣螺的早期部分，多数透明或者白色。

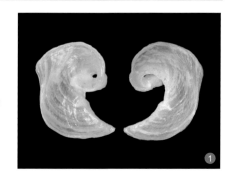

1. 咪喹亚格螺 *Philinopsis miqueli* Pelorce, Horst & Hoarau, 2013。法国，12 mm。MNHN 图片。

盏螺科 Family Alacuppidae Oskars, Bouchet & Malaquias, 2015

热带西太平洋分布的小型螺，7~10 mm。只有一个螺层可见，卵圆。外唇后端扩张，螺轴强。螺身有凹刻线。

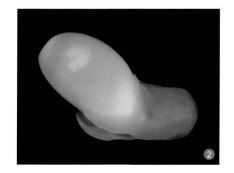

2. 袋盏螺 *Roxania utriculus* (Brocchi, 1814)。地中海。MNHN图片。

莹螺科 Family Colpodaspididae Oskars, Bouchet & Malaquias, 2015

成贝 2 mm 左右，白，透明，有刻饰，球形，螺塔可见，短。因分子生物学研究而独立为科。

腹翼螺科 Family Gastropteridae Swainson, 1840

壳退化，或为内壳或无壳。壳小，钙化或似鲍螺形状，也有的壳非常脆。

劳纳螺科 Family Laonidae Pruvot-Fol, 1954

原为卷壳螺科的一个属。壳圆或方圆，光滑或有刻饰，成贝壳 10 mm 以下。

1 美线劳纳螺 *Retusophiline lima* (T. Brown, 1827)。地中海。MNHN图片。

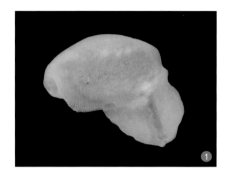

薄舌螺科 Family Philinoglossidae Hertling, 1932

无壳或内壳。采集困难。

扁泡螺科 Family Philinorbidae Oskars, Bouchet & Malaquias, 2016

因分子生物学数据而独立为科。

粗米螺科 Family Scaphandridae G. O. Sars, 1878

壳梨形或者卵圆，壳顶下沉，动物能缩进壳内。

2 美纹粗米螺 *Scaphander lignarius* (Linnaeus, 1758)。土耳其, 35 mm。

Order Runcinacea

Superfamily Runcinoidea H. Adams & A. Adams, 1854

Family Runcinidae H. Adams & A. Adams, 1854

Family Ilbiidae Burn, 1963

以上 2 科无外壳。

海鹿目 Order Aplysiida

海鹿超科 Superfamily Aplysioidea Lamarck, 1809

海鹿科 Family Aplysiidae Lamarck, 1809

壳退化，薄，透明。

❶ 软壳海鹿螺 *Aplysia punctata* (Cuvier, 1803)。英国，22 mm。

无角螺超科 Superfamily Akeroidea Mazzarelli, 1891

无角螺科 Family Akeridae Mazzarelli, 1891

有外壳，小，卵圆，动物不能完全缩回壳内。壳脆，或多或少透明。胎壳下沉，有薄的壳皮覆盖全壳。

❷ 无角螺 *Akera bullata* O. F. Müller, 1776。德国，10 mm。

翼足目 Order Pteropoda

壳翼足亚目 Suborder Euthecosomata

蝌蚪螺超科 Superfamily Limacinoidea Gray, 1840

蝌蚪螺科 Family Limacinidae Gray, 1840

壳薄，小，极脆，左旋，透明。成体无口盖。

❶ 长蝌蚪螺 *Limacina bulimoides* (d'Orbigny, 1835)。菲律宾，1 mm。Poppe 图片。

龟螺超科 Superfamily Cavolinioidea Gray, 1850

龟螺科 Family Cavoliniidae Gray, 1850

壳似盒子，似上下两板结合而成，开口狭窄。

❷ 三齿龟螺 *Cavolinia tridentata* (Forsskål in Niebuhr, 1775)。巴西，14 mm。

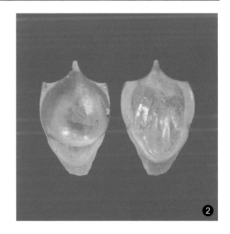

罩螺科 Family Cliidae Jeffreys, 1869

有透明壳，外唇有角状结构。

1 金字塔罩螺 *Clio pyramidata* Linnaeus, 1767。菲律宾，8 mm。

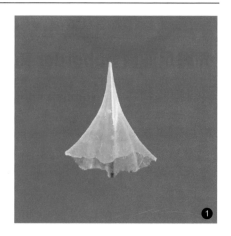

晶管螺科 Family Creseidae Rampal, 1973

壳似透明棒子。

2 克拉瓦晶管螺 *Creseis clava* (Rang, 1828)。菲律宾，9 mm。

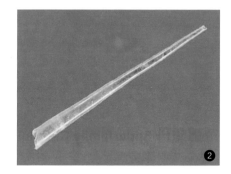

梅瓶螺科 Family Cuvierinidae van der Spoel, 1967

壳似瓶子。

3 西洋梅瓶螺 *Cuviernina atlantica* Bé, MacClintock & Currie, 1972。马德拉，9 mm。

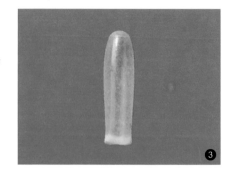

Family Praecuvierinidae A. Janssen, 2006

Family Sphaerocinidae A. Janssen & Maxwell, 1995

以上 2 科只有化石记录。

假壳翼足亚目 Suborder Pseudothecosomata

Superfamily Cymbulioidea Gray, 1840

Family Cymbuliidae Gray, 1840

Family Desmopteridae Chun, 1889

以上 2 科无外壳。

长轴螺科 Family Peraclidae Tesch, 1913

海生小科，左旋壳。中层或底层浮游。

❶ 细目长轴螺 *Peracle reticulata* (d'Orbigny, 1835)。意大利，2 mm。Poppe 图片。

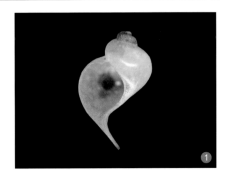

Suborder Gymnosomata

本亚目无外壳。

Superfamily Clionoidea Raffinesques, 1815

Family Clionidae Rafinesque, 1815

Family Cliopsidae O. G. Costa, 1873

Family Notobranchaeidae Pelseneer, 1886

Family Pneumodermatidae Latreille, 1825

Superfamily Hydromyloidea Pruvot-Fol, 1942 (1862)

Famiy Hydromylidae Pruvot-Fol, 1942 (1862)

Family Laginiopsidae Pruvot-Fol, 1922

泛肺亚列目 Subcohort Panpulmonata

囊舌超目 Superorder Sacoglossa

长足螺超科 Superfamily Oxynooidea Stoliczka, 1868

长足螺科 Family Oxynoidae Stoliczka, 1868 (1847)

海生小科，全球分布。壳薄，开口大。

❶ 橄榄长足螺 *Oxynoe olivacea* Rafinesque, 1814。西班牙，12 mm。

筒柱螺科 Family Cylindrobullidae Thiele, 1931

只有一种，壳有弹性，动物可缩回壳内。

❷ 脆筒柱螺 *Cylindrobulla fragilis* (Jeffreys, 1856)。西班牙，2 mm。Poppe 图片。

朱丽螺科 Family Juliidae E. A. Smith, 1885

又称珠绿螺科，一度称为朱丽蛤科。这是一个古老但演化很成功的科，壳为双壳，现在被称为双壳腹足类。早前发现的化石和现生种的贝壳让人们以为它们是奇特的双壳类，但 1959 年在日本发现了大量的活体，揭示它们是有双壳的腹足类。广泛分布于全球热带和温带海洋，但东大西洋和地中海没有分布。

1 日本朱丽螺 *Julia japonica* Kuroda & Habe, 1951。菲律宾，2 mm。Poppe 图片。

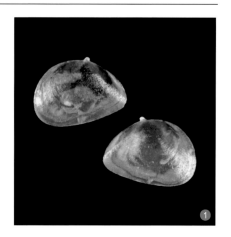

圆卷螺科 Family Volvatellidae Pilsbry, 1895

原始的囊舌类，螺旋壳，动物可缩回壳内，广泛分布于热带和温带海洋。壳薄，多变，或多或少为圆柱形，前端稍窄。壳皮发达，内层钙化弱。开口小而圆，外唇覆盖整个体螺层。

2 黄圆卷螺 *Volvatella viridis* Hamatani, 1976。菲律宾，8 mm。Poppe 图片。

Superfamily Plakobranchoidea Gray, 1840

Family Plakobranchidae Gray, 1840
Family Jenseneriidae Ortea & Moro, 2015
Family Limapontiidae Gray, 1847
Family Hermaeidae H. Adams & A. Adams, 1854
Family Costasiellidae K. B. Clark, 1984

Superfamily Platyhedyloidea Salvini-Plawen, 1973

Family Platyhedylidae Salvini-Plawen, 1973
以上 2 超科无外壳。

松螺超目 Superorder Siphonarimorpha

松螺目 Order Siphonariida

松螺超科 Superfamily Siphonarioidea Gray, 1827

松螺科 Family Siphonariidae Gray, 1827

又称菊花螺科。海生，小到中型，笠状，强放射肋。壳较薄，卵圆。壳顶稍偏心，常腐蚀。放射肋一般白色，肋间多为巧克力色。内侧光泽强，常为紫棕色，右侧有水管槽。浅潮间带、南极外围、温带和热带海洋广布，但北大西洋无记录。

❶ 大王松螺 *Siphonaria gigas* (Sowerby I, 1825)。巴拿马，32 mm。

Family Acroreiidae Cossmann, 1893
此科只有化石记录。

拟肺超目 Superorder Pylopulmonata

塔螺超科 Superfamily Pyramidelloidea Gray, 1840

塔螺科 Family Pyramidellidae Gray, 1840

又称小塔螺科。外寄生，以无脊椎动物体液为食，无齿舌。壳从扁卷到长锥形，有轴齿，胎壳异旋。曾根据壳形置于前鳃中腹足目，但解剖特征近后鳃类。生活在潮下带到深水区的或泥或沙底。

❷ 多彩环塔螺 *Pyramidella dolabrata terebellum* (O. F. Müller, 1774)。中国，24 mm。

马掌螺科 Family Amathinidae Ponder, 1987

又称畸扭螺科、白塔螺科、毛螺科。小到中型，斗笠状，生活在大型双壳上。解剖学特征和塔螺科不一样。

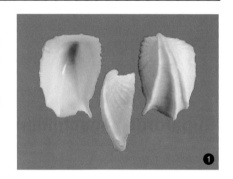

① 三骨马掌螺 *Amathina tricarinata* (Linnaeus, 1767)。菲律宾，24 mm。

Family Heteroneritidae Gründel, 1998

此科只有化石记录。

盖卷螺超科 Superfamily Glacidorboidea Ponder, 1986

盖卷螺科 Family Glacidorbidae Ponder, 1986

淡水螺，扁卷壳，有口盖。壳很小，总体平滑，有明显生长纹。2~3 个右旋螺层。胎壳有瘤或平滑，胎壳和螺层不容易分辨。口盖薄，角质，疏旋线。曾被归置在扁卷螺和钉螺中，根据解剖学特征独立为科。分布在澳大利亚和南美。

两栖螺超科 Superfamily Amphiboloidea Gray, 1840

两栖螺科 Family Amphibolidae Gray, 1840

又称网纹螺科。海生肺螺，成贝有口盖。壳球形，体螺层膨胀，螺塔低。开口大，多数脐可见。一般小于 30 mm，刻饰或强或弱。

② 榛果网纹螺 *Amphibola avellana* (Bruguière, 1789)。新西兰，25 mm。

马宁螺科 Family Maningrididae Golding, Ponder & Byrne, 2007

海生肺螺，只有阿海姆马宁螺 *Maningrida arnhemensis* Golding, Ponder & Byrne, 2007 一种记录。

Superorder Acochlidimorpha

本超目以下各科无外壳。

Superfamily Acochlidioidea Küthe, 1935

Family Acochlidiidae Küthe, 1935   Family Aitengidae Swennen & Buatip, 2009
Family Bathyhedylidae Neusser, Jörger, Lodde-Bensch, Strong & Schrödl, 2016
Family Hedylopsidae Odhner, 1952   Family Pseudunelidae Rankin, 1979
Family Tantulidae Rankin, 1979

Superfamily Parhedyloidea Thiele, 1931

Family Parhedylidae Thiele, 1931   Family Asperspinidae Rankin, 1979

湿肺超目 Superorder Hygrophila

溪丽螺超科 Superfamily Chilinoidea Dall, 1870

溪丽螺科 Family Chilinidae Dall, 1870

南美洲淡水螺，壳小到中型，薄，壳口锋利。

❶ 球溪丽螺 *Chilina gibbosa* Sowerby I, 1838。阿根廷，13 mm。

拉迪螺科 Family Latiidae Hutton, 1882

分布在新西兰，淡水螺。

① 蜒形拉迪螺 *Latia neritoides* Gray, 1850。新西兰，6 mm。

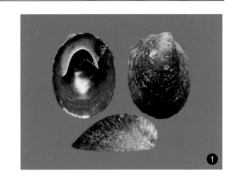

椎实螺超科 Superfamily Lymnaeoidea Rafinesque, 1815

椎实螺科 Family Lymnaeidae Rafinesque, 1815

淡水生。体螺层圆，膨胀。开口大，多数有高
螺塔，右旋，极少左旋。脐或开或闭。有的物种螺塔
退化。壳一般薄，轴釉弱，少刻饰，无颜色花型。

② 静水椎实螺 *Lymnaea stagnalis* (Linnaeus, 1758)。德
国，53 mm。

阿罗螺科 Family Acroloxidae Thiele, 1931

淡水生肺螺，壳笠状，无螺旋，壳顶偏心，后
倾。

③ 湖阿罗螺 *Acroloxus lacustris* (Linnaeus, 1758)。奥地
利，7 mm。

淤泥螺科 Family Bulinidae P. Fischer & Crosse, 1880

淡水生，扁卷状，曾分置于扁卷螺科，因解剖学结构不同独立为科。

① 似扁卷淤泥螺 *Indoplanorbis exustus* (Deshayes，1834)。泰国，13 mm。

波努螺科 Family Burnupiidae Albrecht, 2017

非洲的淡水螺，笠状。原为扁卷螺科的 *Burnupia* 属，因解剖学特征特别而提升为科。

② 斯图尔曼波努螺 *Burnupia stuhlmanni* (von Martens，1897)。乌干达，3 mm。

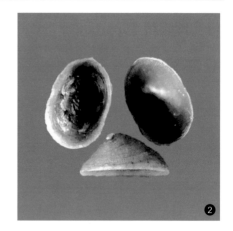

囊螺科 Family Physidae Fitzinger, 1833

又称膀胱螺科。淡水螺，壳薄，左旋，长塔形，无脐。无刻饰，有轴釉。开口大。

③ 无褶囊螺 *Aplexa hypnorum* (Linnaeus, 1758)。德国，12 mm。

扁卷螺科 Family Planorbidae Rafinesque, 1815

淡水螺，左旋。早期归属此科的物种螺塔低矮形成一个圆盘状，壳轻，脆。小型扁卷螺多为半透明。后来，有些属被一些作者并入此科，它们的外形或为小型笠状螺，或者类似囊螺的外形。这些新并入的属解剖学特征和本科特征吻合，但贝壳学特征差别巨大，因此，不同的作者会有不同的处理方式。

❶ 巨扁卷螺 *Planorbarius corneus* (Linnaeus, 1758)。匈牙利，32 mm。

Family Clivunellidae Kochansky-Devidé & Slišković, 1972
此科只有化石记录。

真肺超目 Superorder Eupulmonata

耳螺目 Order Ellobiida

耳螺超科 Superfamily Ellobioidea L. Pfeiffer, 1854 (1822)

耳螺科 Family Ellobiidae L. Pfeiffer, 1854 (1822)

海生，少数陆生。右旋，螺塔高，壳厚。多数壳有轴齿、上腭齿或者内唇齿。早期壳被自溶吸收是本科的一个特征。

❷ 米氏耳螺 *Ellobium aurismidae* (Linnaeus, 1758)。泰国，90 mm。

奥提螺科 Family Otinidae H. Adams & A. Adams, 1855

海生肺螺，壳小，耳形，只有一种记录，生活在英国和法国海域。

❶ 卵形奥提螺 *Otina ovata* (Brown, 1827)。英国，3 mm。Poppe 图片。

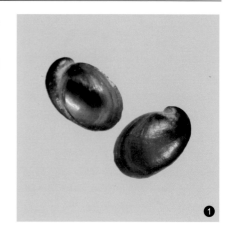

拟松螺科 Family Trimusculidae J. Q. Burch, 1945 (1840)

海生肺螺。壳小，厚，杯状，圆或卵圆。壳顶常腐蚀，后倾。放射肋，水管槽在右侧。潮间带栖息或暴露于岩石上。

❷ 秘鲁拟松螺 *Trimusculus peruvianus* (Sowerby I, 1835)。智利，20 mm。

陆肺宗 Clade Geophila

Order Systellommatophora

Superfamily Onchidioidea Rafinesque, 1815
  Family Onchidiidae Rafinesque, 1815
Superfamily Veronicelloidea Gray, 1840
  Family Veronicellidae Gray, 1840
  Family Rathouisiidae Heude, 1885
  以上 2 超科无钙质外壳。

柄眼目 Order Stylommatophora

Family Anadromidae Wenz, 1940

Family Anastomopsidae H. Nordsieck, 1986

Family Cylindrellinidae Zilch, 1959
以上 7 科只有化石记录，未分置于超科。

Family Grandipatulidae Pfeffer, 1930

Family Grangerellidae Russell, 1931

Family Palaeoxestinidae Pfeffer, 1930

Family Scalaxidae Zilch, 1959

玛瑙螺亚目（玛瑙螺宗）
Suborder Achatinina (Clade Achatinoid)

玛瑙螺超科 Superfamily Achatinoidea Swainson, 1840

玛瑙螺科 Family Achatinidae Swainson, 1840
  　大型或特大型陆生蜗牛，圆塔状，极少柱状，花型多变。右旋，极少左旋。一般无脐，极少有脐。非洲大陆和部分离岛的原生物种。

❶ 西非玛瑙螺 *Archachatina marginata* (Swainson, 1821)。
  喀麦隆，130 mm。

阿里螺科 Family Aillyidae H. B. Baker, 1955

非洲蜗牛，形似琥珀螺。

费鲁萨螺科 Family Ferussaciidae Bourguignat, 1883

欧亚分布的陆贝。壳小，长形，光泽强，透明，右旋。开口圆形或梨形。壳顶小，平滑。口围内加厚，轴底端截头或者弯曲。主要分布在地中海地区，但向南渗透到热带非洲，向东直到菲律宾。北美也有分布。

1 弗里茨费鲁萨螺 *Ferussacia fritschi* (Mousson, 1872)。加纳利，11 mm。

麦克螺科 Family Micractaeonidae Schileyko, 1999

宽卵圆形，壳很小，无光泽。角质色。刻饰特别，由螺旋排列的小粒构成。分布在热带非洲，只有一种记录。

扭轴蜗牛超科 Superfamily Strepaxoidea Gray, 1860

扭轴蜗牛科 Family Streptaxidae Gray, 1860

肉食蜗牛，以无脊椎动物包括其他蜗牛为食。无色彩，外形多变，螺旋形，圆塔形，柱状，蛹状，有的近盘状。螺旋不太规则。壳小，很少超过 50 mm。刻饰多变，从平滑到发达的纵肋。开口有齿障。外唇加厚外翻。动物颜色鲜艳。分布在非洲、南美和亚洲大陆。

2 无形扭轴蜗牛 *Streptaxis deformis* (Férussac, 1821)。安的列斯，7 mm。

扭钻螺科 Family Diapheridae Panha & Naggs, 2010

原扭轴蜗牛科的物种,独立为科。

① 大扭钻螺 *Diaphera prima* Panha, 2010。泰国, 6.2 mm。

斯戈螺亚目 Suborder Scolodontina

斯戈螺超科 Superfamily Scolodontoidea H. B. Baker, 1925

斯戈螺科 Family Scolodontidae H. B. Baker, 1925

美洲大陆蜗牛, 壳扁卷。

② 平盘斯戈螺 *Systrophia planispira* Wey-rauch, 1960。秘鲁, 20 mm。

大蜗牛亚目（非玛瑙螺宗）
Suborder Helicina ("non-Achatinoid Clade")

蔻螺超科 Superfamily Coelociontoidea Iredale, 1937

蔻螺科 Family Coelociontidae Iredale, 1937

曾被置于管尾蜗牛科。

❶ 南方蔻蜗牛 *Coelocion australis* (Forbes, 1851)。澳大利亚，22 mm。

Superfamily Papillodermatoidea Wiktor, Martin & Castillejo, 1990

Family Papillodermatidae Wiktor, Martin & Castillejo, 1990

只有 1 种记录，无钙质外壳。

圈螺超科 Superfamily Plectopyloidea Möllendorff, 1898

圈螺科 Family Plectopylidae Möllendorff, 1898

壳有轻微突出的螺塔或者扁平。外形线近圆。螺层内有加强肋。东南亚、缅甸、越南、中国和日本南部有分布。

❷ 霸王圈螺 *Gudeodiscus goliath* Pall-Gergely & Hunyadi, 2013。中国，24 mm。

瞳孔蜗牛科 Family Corillidae Pilsbry, 1905

　　壳扁平或近扁平,脐宽阔。右旋或左旋,壳层数 4~8。唇加厚,开口内有齿。分布于东亚、印度、非洲和澳大利亚。

1 卡拉宾瞳孔蜗牛 *Corilla carabinata* (Férussac, 1821)。斯里兰卡, 18 mm。

美纹蜗牛科 Family Sculptariidae Degner, 1923

　　壳膨胀,小,刻饰发达,胎壳相对较大。开口有上颚齿。曾被置于瞳孔蜗牛中。分布于西南非洲。

2 昂贵美纹蜗牛 *Sculptaria pretiosa* Zilch, 1952。纳米比亚, 8 mm。

粟蜗牛超科 Superfamily Punctoidea Morse, 1864

粟蜗牛科 Family Punctidae Morse, 1864

　　微到小型。螺层外和螺层数可变。脐可开放,解旋脱节,或封闭。胎壳有凸起的线状刻饰。螺层有壳皮衍生的或强或弱的放射状刻饰。古北区、东南和南部非洲、澳大利亚、新西兰及邻近岛屿有分布。

3 美形粟蜗牛 *Punctum conspectum* (Bland, 1865)。阿拉斯加, 1 mm。

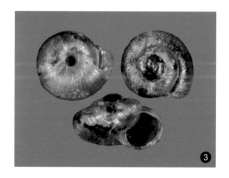

南瓜螺科 Family Charopidae Hutton, 1884

地栖或半树栖蜗牛，壳微型或小型。螺层数和外形变化大，脐或开或闭。壳面刻饰复杂，胎壳刻饰变化多。开口或有齿障，壳口简单。花型单一或棋盘状。冈瓦纳地区分布。

1 爱德南瓜螺 *Suteria ide* (Gray, 1850)。新西兰，8 mm。

圆盘蜗牛科 Family Discidae Thiele, 1931

中到大型，胎壳有放射状沟槽。螺层有非壳皮形成的放射状肋。开口无齿。

2 可变圆盘蜗牛 *Anguispira alternata* (Say, 1816)。美国，18 mm。

内齿螺科 Family Endodontidae Pilsbry, 1895

壳小到中型。开口齿障发达，布满壳口全周。部分物种齿障弱化或可消失。脐宽广，可作为孵卵槽。分布于太平洋岛屿、新几内亚、印尼、东南亚和南亚、东非、南非。

3 阿拉塔内齿螺 *Zyzzyxdonta alata* Solem, 1976。斐济，4 mm。

盘带蜗牛科 Family HelicodiscidaeH. B. Baker, 1927

螺塔扁平，脐宽阔，螺上有突出的棱，开口处齿障复杂，唇加厚外翻。分布区域不连续，多数记录来自加拿大、美国南部，但菲律宾、印度尼西亚、澳大利亚和所罗门也有发现。

❶ 局限盘带蜗牛 Stenopylis coarctata (Möllendorff, 1894)。印度尼西亚，1 mm。

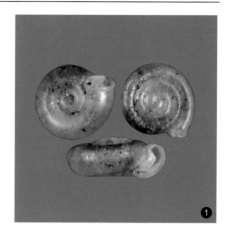

奥莱蜗牛科 Family Oreohelicidae Pilsbry, 1939

壳或右旋或左旋，螺塔低平或塔形，不透明，无光泽或弱光泽。体螺层圆，或有棱或龙骨状。单色或有深色带。有放射纹或粗糙的放射肋或螺旋线。开口无齿。分布在墨西哥、美国北部、加拿大。

❷ 爱达荷奥莱蜗牛 Oreohelix idahoensis (Newcomb, 1866)。美国，13 mm。

Family Cystopeltidae Cockerell, 1891
无钙质壳。

Family Oopeltidae Cockerell, 1891

壳蛞蝓超科 Superfamily Testacelloidea Gray, 1840

壳蛞蝓科 Family Testacellidae Gray, 1840

半蛞蝓,壳退化,小,耳形,刻饰不发达,壳口简单,牙齿不壮,无脐,位于动物后端。地中海分布。

1 鲍形壳蛞蝓 *Testacella haliotidea* Lamarck, 1801。西班牙,8 mm。

管尾蜗牛超科 Superfamily Urocoptoidea Pilsbry, 1898

管尾蜗牛科 Family Urocoptidae Pilsbry, 1898

壳常截头,柱状,或椎状,纺锤状或高塔状。螺层窄而多,或薄或结实。颜色多为白色或栗色,或杂色。胎壳多光滑,或有精致的放射肋。螺层开口完整,加厚外翻,小,圆形或近方形。轴中空,或结实,有轴齿。

2 百格管尾蜗牛 *Urocoptis baguineana* (Chitty, 1855)。牙买加,29 mm。

花生螺科 Family Cerionidae Pilsbry, 1901

壳结实,不透明,石灰质,8~13 螺层,螺层外鼓,但体螺层平直。颜色单一,壳表发达的轴向肋,或者平滑。开口卵圆到圆,外唇加厚,外翻,扩展。或有短的轴齿,脐孔窄。

3 斑恩花生螺 *Cerion banesense* Clench & Aguayo, 1949。古巴,23 mm。

厄蜗牛科 Family Epirobiidae F. G. Thompson, 2012

抽取管尾蜗牛的 5 个属独立成科。

1 斯威夫特厄蜗牛 *Cylindrella swiftiana* Crosse, 1863。
17 mm。MNHN图片。

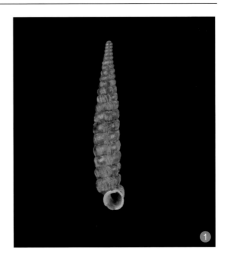

卡尔蜗牛科 Family Eucalodiidae P. Fischer & Crosse, 1873

曾被置于管尾蜗牛属。

2 短卡尔蜗牛 *Eucalodium brevis* (Férussac)。牙买加，
17 mm。

天塔蜗牛科 Family Holospiridae Pilsbry, 1946

曾被置于管尾蜗牛属。

3 帕尔玛天塔蜗牛 *Holospira palmeri* Bartsch, 1906。墨
西哥, 12 mm。

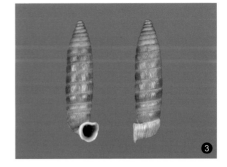

琥珀螺间目 Infraorder Succineoidei

琥珀螺超科 Superfamily Succineoidea Beck, 1837

琥珀螺科 Family Succineidae Beck, 1837

全球温带湖沼地带分布,在许多太平洋岛屿上生活在近瀑布的地方。螺塔退化,体螺层大。有些物种是半蛞蝓,有些物种的壳呈平盘状。

❶ 孱弱琥珀螺 *Succinea putris* (Linnaeus, 1758)。德国,19 mm。

Superfamily Athoracophoroidea P. Fischer, 1883

Family Athoracophoridae P. Fischer, 1883

钙质内壳,分布在新几内亚和东澳大利亚。

芮提螺间目 Infraorder Rhytidoidei

芮提螺超科 Superfamily Rhytidoidea Pilsbry, 1893

芮提螺科 Family Rhytididae Pilsbry, 1893

肉食蜗牛,分布在冈瓦纳区域。许多外壳特征适应捕食。壳扁平到低塔状,不太结实,螺层外凸,体螺层圆,壳缘或有龙骨,壳口下倾。壳皮发达,绿色、棕色到近黑色,或有螺旋色带。表面平滑至细肋,少数有螺旋肋。壳口倾斜,无齿,唇简单。脐或宽或窄。

❷ 韦伯芮提螺 *Rhytida greenwoodi webbi* Powell, 1949。新西兰, 27 mm。

红蜗牛科 Family Acavidae Pilsbry, 1895

中到大型蜗牛，外形多变，球形，纺锤形或者近盘状。右旋，无突出刻饰和齿障。外唇锋利，或加厚外翻。壳色和动物颜色多变。马达加斯加、斯里兰卡、塞舌尔分布。

1 红唇红蜗牛 *Acavus haemastoma* (Linnaeus, 1758)。斯里兰卡，39 mm。

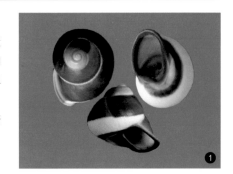

蛞蝓螺科 Family Amphibulimidae P. Fischer, 1873

南美北部的半蛞蝓或者蜗牛。

2 白蛞蝓螺 *Amphibulima patula* (Bruguière, 1789)。瓜德鲁普，21 mm。

厚泥蜗牛科 Family Bothriembryontidae Iredale, 1937

多为太平洋岛屿分布物种，厚重。

3 麻布厚泥蜗牛 *Placostylus fibratus* Mar-tyn, 1784。新喀里多尼亚，96 mm。

泥蜗牛科 Family Bulimulidae Tryon, 1867

　　地栖或树栖,壳卵圆或柱状,颜色,刻饰,厚度和大小都多变化。胎壳光滑或有刻饰。开口卵圆,简单,或有齿。主要分布在新热带地区。

❶ 帮纳泥蜗牛 *Bulimulus bonariensis* (D'Orbigny, 1835)。美国, 22 mm。

颖果蜗牛科 Family Caryodidae Connolly, 1915

　　中到大型陆生蜗牛。外形多变,从高塔状到近乎盘状。或有色带或其他花型。东澳大利亚特有,分布在昆士兰和塔斯马尼亚。

❷ 海尹颖果蜗牛 *Pedinogyra hayii* (Gray in Griffith & Pidgeon, 1833)。澳大利亚, 68 mm。

红柱蜗牛科 Family Clavatoridae Thiele, 1926

　　原为红蜗牛科的一个属。

❸ 巴瑟红蜗牛 *Clavator bathiei* Fischer-Piette & Salvat, 1963。马达加斯加, 62 mm。

哚蜗牛科 Family Dorcasiidae Connolly, 1915

螺塔可高可低，中型，刻饰弱。胎壳略大。开口圆，一般无齿。南非。

❶ 亚历山大哚蜗牛 *Dorcasia alexandri* Gray, 1838。纳米比亚，23 mm。

大环螺科 Family Macrocyclidae Thiele, 1926

壳扁平，大。一般有壳皮。智利分布。

❷ 拉克斯大环螺 *Macrocyclis laxata* (Férussac, 1820)。智利，42 mm。

巨塔蜗牛科 Family Megaspiridae Pilsbry, 1904

陆贝，螺塔高，锥形或长柱形，可达 70 mm。螺轴中空或者至少呈孔状，脐或开或闭。右旋，极少左旋。开口小，卵圆，有轴齿，常有上腭齿。轴向肋刻饰。

❸ 皮氏巨塔螺 *Megaspira pilsbryi* Rehder, 1945。巴西，38 mm。

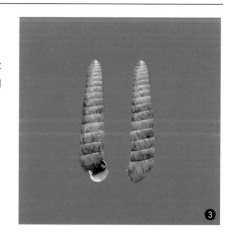

鼓包蜗牛科 Family Megomphicidae H. B. Baker, 1930

美国陆生蜗牛。有壳皮。智利分布。

1 海菲尔鼓包蜗牛 *Megomphix hemphilli* (W. G. Binney, 1879)。美国，18 mm。

齿口蜗牛科 Family Odontostomidae Pilsbry & Vanatta, 1898

南美地区的蜗牛，有复杂的开口障碍。

2 厚唇齿口蜗牛 *Odontostomus labrosus* (Menke, 1828)。巴西，58 mm。

彩带蜗牛科 Family Orthalicidae Martens, 1860

热带蜗牛，分布在美国古巴一带，壳身有颜色鲜艳的色带。

3 奥斯汀旋线树蜗牛 *Liguus fasciatus austinianus* Guitart, 1945。古巴，49 mm。

薄泥蜗牛科 Family Simpulopsidae Schileyko, 1999

南美地区的蜗牛, 壳薄。

❶ 巴西薄泥蜗牛 *Simpulopsis brasiliensis* (Moricand, 1846)。巴西, 17 mm。

新大蜗牛科 Family Strophocheilidae Pilsbry, 1902

美洲分布, 中到大型蜗牛。

❷ 长新大蜗牛 *Megalobulimus oblongus* (Müller, 1774)。委内瑞拉, 90 mm。

Family Vidaliellidae H. Nordsieck, 1986
此科只有化石记录。

虹蛹螺间目 Infraorder Pupilloidei (Orthurethra)

虹蛹螺超科 Superfamily Pupilloidea Turton, 1831

虹蛹螺科 Family Pupillidae Turton, 1831

全球分布的陆贝。壳小，卵圆塔状或柱状。开口有齿障，表面有生长肋和螺旋线。开口卵圆到圆，或外翻或简单，脐可见。

① 白云石虹蛹螺 *Pupilla muscorum* (Linnaeus, 1758)。比利时，4 mm。

小玛瑙螺科 Family Achatinellidae Gulick, 1873

树栖或泥栖蜗牛，小到中型，圆塔形或锥形。有些物种开口处有齿障。表面刻饰或强或弱。脐多封闭，极少开放。动物口部无颚或弱颚。太平洋岛屿分布，印度尼西亚和毛里求斯少数种分布。

② 斯特华小玛瑙螺 *Achatinella stewartii* (Green, 1827)。夏威夷，21 mm。

阿加蜗牛科 Family Agardhiellidae Harl & Páll-Gergely, 2017

曾被置于虹蛹螺科。

③ 截头阿加蜗牛 *Agardhiella truncatella* (L. Pfeiffer, 1841)。澳大利亚，4 mm。

岛居蜗牛科 Family Amastridae Pilsbry, 1910

壳多数为中型。高塔形,或卵圆,或扁平。开口处有轴片,但无内唇齿和上颚齿。脐或开或闭。分布在夏威夷。

❶ 双褶岛居蜗牛 Amastra biplicata (Newcomb, 1854)。夏威夷, 22 mm。

阿金蜗牛科 Family Argnidae Hudec, 1965

曾被置于奥库螺科。

❷ 比尔兹阿金蜗牛 Argna bielzi (Rossmässler, 1859)。罗马尼亚, 5 mm。

亚泽蜗牛科 Family Azecidae Watson, 1920

壳形光泽似槲果螺,但口部有牙齿。

❸ 古德尔亚泽螺 Azeca goodalli (A. Férussac, 1821)。英国, 6 mm。

瑟蜗牛科 Family Cerastidae Wenz, 1923

非洲的蜗牛。

① 白阔瑟蜗牛 *Cerastua bequaerti* (Pilsbry, 1919)。刚果（金），24 mm。

椭果螺科 Family Cochlicopidae Pilsbry, 1900

壳小，长柱形或卵圆柱形，平滑，有光泽。胎壳光滑。壳口卵圆，齿障或有或无。开口或多或少有加厚，但不外翻。脐封闭。

② 中华椭果螺 *Cochlicopa sinensis* (Heude, 1890)。中国，5 mm。

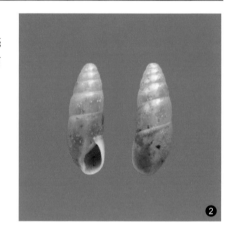

德拉蜗牛科 Family Draparnaudiidae Solem, 1962

新卡尔多尼亚的蜗牛。

③ 安妮德拉蜗牛 *Draparnaudia anniae* Tillier & Mordan, 1995。新喀里多尼亚，9 mm。MNHN 图片。

艾纳螺科 Family Enidae B. B. Woodward, 1903 (1880)

壳小到中型，长卵形，塔形或近柱状。唇外翻或简单，开口处或有齿，一到多枚。欧亚分布。

1 山峰艾纳螺 *Ena montana* (Draparnaud, 1801)。罗马尼亚，15 mm。

福蛹蜗牛科 Family Fauxulidae Harl & Páll-Gergely, 2017

原为蛹蜗牛科的 *Fauxulus* 属。

2 左旋福蛹蜗牛 *Fauxulus kurri* (F. Krauss in L. Pfeiffer, 1842)。南非，8 mm。

壮蛹蜗牛科 Family Gastrocoptidae Pilsbry, 1918

曾被置于牙蛹蜗牛科。

3 昆士兰壮蛹蜗牛 *Gastrocopta queenslandica* Pilsbry, 1917。澳大利亚，2 mm。

劳瑞蜗牛科 Family Lauriidae Steenberg, 1925

小型蜗牛，曾置于虹蛹螺科。

1 柱状劳瑞蜗牛 *Lauria cylindracea* (da Costa, 1778)。荷兰，4 mm。

獠蛹蜗牛科 Family Odontocycladidae Hausdorf, 1996

曾被置于蛹蜗牛科和奥库蜗牛科。

2 寇可儿獠蛹蜗牛 *Odontocyclas kokeilii* (Rossmässler, 1837)。克罗地亚，4 mm。

奥库蜗牛科 Family Orculidae Pilsbry, 1918

明显的轴线刻饰，薄的壳皮上有沟槽。胎壳上有瘤或螺旋线。开口处有片状齿障，唇外翻扩张。脐狭窄。

3 木桶奥库蜗牛 *Orcula dolium* (Draparnaud, 1801)。澳大利亚，7 mm。

胖蛹螺科 Family Pagodulinidae Pilsbry, 1924

曾被置于奥库螺科。

① 奥斯汀奥库蜗牛 *Pagodulina austeniana* (Nevill, 1880)。瑞士，3 mm。

帕图螺科 Family Partulidae Pilsbry, 1900

帕图螺科只有一属，分布在南太平洋和西太平洋，社会群岛分布。壳中型，外唇扩展外翻。有短上腭齿。轴前段扩张和腹唇结合。入口处无齿或褶。

② 双线帕图螺 *Partula bilineata* Pease, 1866。波利尼西亚，19 mm。

厚盘螺科 Family Pleurodiscidae Wenz, 1923

盘状，开口简单，宽脐，轴向细肋。地中海分布，但有少数物种分布在欧洲到日本的广大北半球地区。引入澳大利亚。

③ 苏登厚盘螺 *Pleurodiscus sudensis* (L. Pfeiffer, 1846)。希腊，12 mm。

匹拉蜗牛科 Family Pyramidulidae Kennard & B. B. Woodward, 1914

螺塔低矮，棕到深棕色。开口无齿障，唇薄而简单。脐较宽。欧洲和亚洲分布。

① 岩石匹拉蜗牛 *Pyramidula rupestris* (Draparnaud, 1801)。奥地利，2 mm。

洞穴蜗牛科 Family Spelaeoconchidae A. J. Wagner, 1928

东欧的蜗牛，本科只记录了帕噶洞穴蜗牛 *Spelaeoconcha paganettii* Sturany, 1901 一种。

齿盘蜗牛科 Family Spelaeodiscidae Steenberg, 1925

欧洲小蜗牛。

② 曲径齿盘蜗牛 *Spelaeodiscus triarius trinodis* (Kimakowicz, 1883)。罗马尼亚，4 mm。

内沟蜗牛科 Family Strobilopsidae Wenz, 1915

壳直径大于壳高，呈现矮塔状、钟螺状或近盘状。4~6 个螺层，体螺层或有龙骨。开口有齿障，延至壳内很深。壳口外翻扩展。脐开放，或窄或呈漏斗形。

① 德克萨斯内沟螺 *Strobilops texasianus* (Pilsbry & Ferriss, 1906)。美国，2 mm。

瓦娄蜗牛科 Family Valloniidae Morse, 1864

微到小型陆贝，圆塔形或盘状。开口无齿，壳表有轴向细肋。北半球分布，包括欧洲、美洲、亚洲和北非。

② 亚洲瓦娄蜗牛 *Vallonia asiatica* (Nevill, 1878)。吉尔吉斯斯坦，2 mm。

牙蛹蜗牛科 Family Vertiginidae Fitzinger, 1833

此科曾经有大量物种，最近 30 年大量物种从此科中分离。但仍显庞杂，而且呈现全球分布的状态，随着分子生物学数据的积累，应该会进一步分拆。

③ 反牙蛹蜗牛 *Vertigo antivertigo* (Draparnaud, 1801)。匈牙利，1.5 mm。

蛹蜗牛超科 Superfamily Chondrinoidea Steen-berg, 1925

蛹蜗牛科 Family Chondrinidae Steenberg, 1925

分布在欧洲的小型蜗牛。

① 大蛹蜗牛 *Chondrina megacheilos* (De Cristofori & Jan, 1832)。意大利, 8 mm。

小柱螺科 Family Truncatellinidae Steenberg, 1925

小型陆贝。

② 肋小柱螺 *Truncatella costulata* Risso, 1826。法国, 5 mm。MNHN 图片。

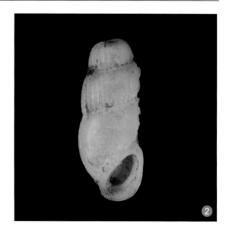

烟管螺间目 Infraorder Clausilioidei

烟管螺超科 Superfamily Clausilioidea Gray, 1855

烟管螺科 Family Clausiliidae Gray, 1855

中型壳，壳层多，多截头。开口相对小，菱形、梨形或不规则的卵圆形，明显带窦。壳内有封口系统。封口系统中有一勺状结构，位于体螺层内，其外形有变化，其上或有龙骨皱褶，其柄附着于体螺层和次螺层之间的螺轴上。有些物种的封口系统有不同程度的退化。

分布于三块隔离的区域：南美西北的山区，热带南亚和东亚（包括日本、韩国），西古北界。

❶ 模糊烟管螺 *Clausilia dubia* Draparnaud, 1805。德国，13 mm。

Family Filholiidae Wenz, 1923 　　　　Family Palaeostoidae H. Nordsieck, 1986

以上 2 科只有化石记录。

Infraorder Arionoidei

Superfamily Arionoidea Gray, 1849

Family Arionidae Gray, 1840 　　　　Family Anadenidae Pilsbry, 1948

Family Ariolimacidae Pilsbry & Vanatta,1898

Family Binneyidae Cockerell, 1891 　　　　Family Philomycidae Gray, 1847

Infraorder Limacoidei

Superfamily Limacoidea Batsch, 1789

Family Limacidae Batsch, 1789 　　　　Family Agriolimacidae H. Wagner, 1938

Family Boettgerillidae Wiktor & I. M. Likharev, 1979

以上各科没有钙质外壳。

玻璃蛞蝓科 Family Vitrinidae Fitzinger, 1833

有壳的蜗牛或者半蛞蝓，或者蛞蝓。壳呈塔状，或耳状，或盘状，很薄，一个半到三个半螺层。表面有细致的放射皱纹。胎壳平滑，有放射皱纹或小麻点，常呈螺旋排列。开口简单。壳可退化至半蛞蝓或丢失。古北区、阿拉伯半岛、中北部非洲高地、东大西洋岛屿有分布。

1 透明玻璃蛞蝓 *Vitrina pellucida* (O. F. Müller, 1774)。德国，4 mm。

腹齿螺超科 Superfamily Gastrodontoidea Tryon, 1866

腹齿螺科 Family Gastrodontidae Tryon, 1866

贝壳特征和多轮蜗牛难区分，靠解剖学特征分开。

2 白牙腹齿螺 *Gastrodonta interna* (Say, 1822)。美国，6 mm。

奥克西蜗牛科 Family Oxychilidae Hesse, 1927

欧洲地区的中型陆贝。

3 轮状奥克西蜗牛 *Oxychilus lentiformis* (Kobelt, 1882)。西班牙，10 mm。

微脆蜗牛科 Family Pristilomatidae Cockerell, 1891

北半球及大洋洲有分布。

❶ 水晶微脆蜗牛 *Vitrea crystallina* (O. F. Müller, 1774)。德国，2 mm。

半壳蛞蝓超科 Superfamily Parmacelloidea P. Fischer, 1856

半壳蛞蝓科 Family Parmacellidae P. Fischer, 1856 (1855)

分布在欧洲。

❷ 舟形半壳蛞蝓 *Parmacella calyculata* Sowerby, 1823。加纳利群岛，10 mm。

米拉蛞蝓科 Family Milacidae Ellis, 1926

❸ 黑米拉蛞蝓 *Milax nigricans* (Philippi, 1836)。意大利，5 mm。

Family Trigonochlamydidae Hesse, 1882

中东地区的蛞蝓。

带蜗牛超科 Superfamily Zonitoidea Mörch, 1864

带蜗牛科 Family Zonitidae Mörch, 1864

俗称玻璃蜗牛，因为它们的壳薄，半透明，无花纹。开口简单，或有齿。脐为一窄缝或宽，或封闭。主要分布在欧洲、北亚和北美，引入澳大利亚。

① 琥珀带蜗牛 *Zonites algirus* (Linnaeus, 1758)。法国，45 mm。

笠蜗牛超科 Superfamily Trochomorphoidea Möllendorff, 1890

笠蜗牛科 Family Trochomorphidae Möllendorff, 1890

壳发达，钟形，或铁饼状。多数壳中型大小，多少有些结实。4~8 个螺层，体螺层锐角或龙骨。灰白色到黑色，有时有深色色带。螺旋刻饰发达，放射刻饰或强或弱。开口多数无齿，少数或有轴齿或内唇齿。脐小到宽广。南亚、东亚、东南亚、新几内亚、澳大利亚及太平洋岛屿分布。

② 娇巧笠蜗牛 *Trochomorpha xiphias* (L. Pfeiffer, 1856)。巴布亚新几内亚，17 mm。

鳖甲蜗牛科 Family Chronidae Thiele, 1931

壳大，厚实，东南亚一带分布。

① 大鳖甲蜗牛 *Ryssota maxima* (Pfeiffer, 1853)。菲律宾，98 mm。

德亚奇螺科 Family Dyakiidae Gude & B. B. Woodward, 1921

曾多被处理为拟阿勇螺科。

② 拉菲德亚奇螺 *Dyakia rumphii* (von dem Busch, 1842)。印度尼西亚，49 mm。

陀蜗牛科 Family Euconulidae H. B. Baker, 1928

小型半透明陆贝，曾被处理为拟阿勇螺科。

③ 迷惑陀蜗牛 *Coneuplecta confusa* (Von Möllendorff, 1887)。菲律宾，6 mm。

史达夫螺科 Family Staffordiidae Thiele, 1931

印度特有的蜗牛。

薄甲蜗牛超科 Superfamily Helicarionoidea Bourguignat, 1877

薄甲蜗牛科 Family Helicarionidae Bourguignat, 1877

地栖或树栖蜗牛，小到中型壳。壳很薄，相对动物来说很小，似半蛞蝓。也有些物种壳高塔螺旋状，有多至 5 个螺层。壳右旋，螺旋线弱或者难以观察，无刻饰，底部有膜，无脐。动物可以完全覆盖壳。

❶ 长薄甲蜗牛 *Mysticarion porrectus* (Iredale, 1941)。澳大利亚，8 mm。

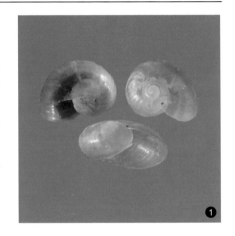

拟阿勇螺科 Family Ariophantidae Godwin-Austen, 1888

塔状或扁平状，小到中型。体螺层圆，或有龙骨。一般有螺旋刻饰，放射刻饰或弱或强。开口无齿，脐窄或封闭。分布广，非洲大陆、马达加斯加、中亚、南亚、马尔代夫、印度尼西亚、新几内亚等。

❷ 西比娜拟阿勇螺 *Hemiplecta sibylla* Tapparone-Canefri, 1883。印度尼西亚，29 mm。

乌螺科 Family Urocyclidae Simroth, 1889

外形上可以是蛞蝓、半蛞蝓或者蜗牛，热带非洲分布。

1️⃣ 韦氏乌螺 *Rhysotina welwitschi* (Morelet, 1866)。圣多美, 21.5 mm。MNHN 图片。

油光蜗牛间目 Infraorder Oleacinoidei

油光蜗超科
Superfamily Oleacinoidea H. Adams & A. Adams, 1855

油光蜗牛科 Family Oleacinidae H. Adams & A. Adams, 1855

物种不多，壳特征的科内差异小。

2️⃣ 德氏油光蜗牛 *Oleacina oleacea* (Deshayes, 1830)。古巴, 31 mm。

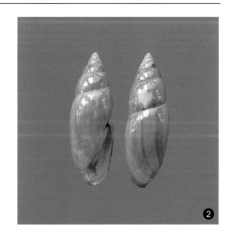

新钻头螺科 Family Spiraxidae H. B. Baker, 1939

壳层多，呈锥形，近柱形或高塔形，小到中型，薄，玻璃状。古巴、牙买加、中美洲和南美北部地区分布。

1 玫瑰新钻头螺 *Euglandina rosea* (Férussac, 1821)。美国，56 mm。

豪螺超科 Superfamily Haplotrematoidea H. B. Baker, 1925

豪螺科 Family Haplotrematidae H. B. Baker, 1925

北美地区的小到中型陆贝。

2 温哥华豪螺 *Haplotrema vancouverense* (I. Lea, 1839)。美国，23 mm。

大蜗牛间目（大蜗牛宗）
Infraorder Helicoidei (Clade Helicoid)

萨加螺超科 Superfamily Sagdoidea Pilsbry, 1895

萨加螺科 Family Sagdidae Pilsbry, 1895

壳扁平，或馒头状，薄，玻璃状，或平滑，或有细肋或细纹。加勒比海地区。

❶ 阿甘萨加螺 *Sagda alligans* (Reeve, 1851)。牙买加，19 mm。

光芒蜗牛科 Family Solaropsidae H. Nordsieck, 1986

特征明显，物种数不多。

❷ 盘蛇光芒蜗牛 *Solaropsis vipera* (Pfeiffer, 1859)。巴西，34 mm。

扎奇螺科 Family Zachrysiidae Robinson, Sei & Rosenberg, 2017

原属新坚螺科，因分子生物学证据独立为科。

❸ 普罗扎奇螺 *Zachrysia provisoria* (Pfeiffer, 1858)。美国，27 mm。

大蜗牛超科 Superfamily Helicoidea Rafinesque, 1815

大蜗牛科 Family Helicidae Rafinesque, 1815

中到大型，外形多变，脐或开或闭，极少有壳毛。开口外形多变，极少有齿。分布地有欧洲、北非、小亚细亚、阿拉伯半岛、高加索。已入侵全世界。

① 散斑大蜗牛 *Cornu aspersum* (O. F. Müller, 1774)。阿根廷，32 mm。

加纳利蜗牛科 Family Canariellidae Schileyko, 1991

原水蜗牛科的一个属，分布在加纳利群岛，分子生物学证据支持独立为科。

② 美髯加纳利蜗牛 *Canariella eutropis* (L. Pfeiffer, 1861)。加纳利群岛，15 mm。

坚螺科 Family Camaenidae Pilsbry, 1895

又称坚齿螺科。印度半岛、东南亚、中国、日本、新几内亚、澳大利亚及太平洋岛屿均有分布。此科包含了原坚螺科和巴蜗牛科物种。巴蜗牛科和坚螺科的分布区域、生活环境，以及贝壳学特征都无法区分。分子生物学上，把巴蜗牛并入坚螺科后，坚螺科的单宗性也能维持。

❶ 布托两栖蜗牛 *Amphidromus perversus butoti* Laidlaw & Solem, 1961。印度尼西亚，41 mm。

❷ 皱疤坚螺 *Camaena cicatricosa* (Müller, 1774)。中国，45 mm。

❸ 马林岛巴蜗牛 *Helicostyla marinduquensis* (Hidalgo, 1887)。菲律宾，59 mm。

❹ 节日巴蜗牛 *Calocochlia festiva* (Donovan, 1825)。菲律宾，42 mm。

新巴蜗牛科 Family Cepolidae Ihering, 1909

北美到加勒比海的蜗牛。

① 阿劳德新巴蜗牛 *Cepolis alauda* (Férussac, 1819)。古巴, 21 mm。

夷龙螺科 Family Elonidae Gittenberger, 1977

欧洲的蜗牛, 曾被置于水蜗牛科。

② 奎姆夷龙螺 *Elona quimperiana* (Blainville, 1821)。西班牙, 26 mm。

厚皮螺科 Family Epiphragmophoridae Hoffmann, 1928

原赞瑟螺科的一些属, 因分子生物学研究而设立一单独的科。

③ 阿根廷厚皮螺 *Epiphragmophora argen- tina* (Holmberg, 1909)。阿根廷, 28 mm。

吉奥蜗牛科 Family Geomitridae C. R. Boettger, 1909

❶ 瘤球吉奥蜗牛 *Geomitra tiarella* (Webb & Berthelot, 1833)。马德拉, 7 mm。

旋齿蜗牛科 Family Helicodontidae Kobelt, 1904

　　螺低矮或扁平,角质色。粒状或放射刻饰,无螺旋刻饰,或有壳毛。螺层紧密,缝合线深。开口不在一个平面上,外翻,轻微扩展成环。开口有齿。脐或窄或宽。

❷ 平塔旋齿蜗牛 *Helicodonta obvoluta* (O. F. Müller, 1774)。德国, 13 mm。

水蜗牛科 Family Hygromiidae Tryon, 1866

　　螺层不密集,颜色深,体螺层周缘有模糊色带。或有螺旋刻饰。壳口不加厚,简单或者外翻。欧亚大陆古北区、北非及部分大西洋岛屿有分布。

❸ 龙骨水蜗牛 *Hygromia cinctella* (Draparnaud, 1801)。意大利, 14 mm。

拉比螺科 Family Labyrinthidae Borrero, Sei, Robinson & Rosenberg, 2018

因为分子生物学特征而从新坚螺科独立出来。

① 叉齿拉比螺 *Labyrinthus bifurcata* (Deshayes, 1838)。巴西, 31 mm。

新坚螺科 Family Pleurodontidae Ihering, 1912

扁平状, 铁饼状至球形, 中等大小。开口上颚部有片状齿。分布于新大陆热带区。

② 獠牙新坚螺 *Pleurodonte sublucerna* (Pilsbry, 1889)。牙买加, 46 mm。

多轮蜗牛科 Family Polygyridae Pilsbry, 1895

扁平到近球形, 略薄到结实。有各种齿障, 突出的上颚齿片状, 突出, 和开口在同一平面, 是本科特征。有些物种上颚齿退化。分布于新北区。

③ 耳朵多轮蜗牛 *Daedalochila auriculata* (Say, 1818)。美国, 15 mm。

斯菲蜗牛科 Family Sphincterochilidae Zilch, 1960

壳近球形至铁饼状，厚实，不透明，灰白刻饰。胎壳光滑。脐适度宽或封闭。分布于地中海地区。

❶ 帕多斯菲蜗牛 *Sphincterochila pardoi* Llabador, 1950。摩洛哥，25 mm。

泰萨螺科 Family Thysanophoridae Pilsbry, 1926

北美薄壳蜗牛。

❷ 肥胖泰萨螺 *Thysanophora vortex* (L. Pfeiffer, 1839)。瓜德鲁普，5 mm。

三带螺科 Family Trichodiscinidae H. Nordsieck, 1987

陆生贝类。

❸ 麦氏三带螺 *Averellia macneili* (Crosse，1873)。尼加拉瓜，14.3 mm。MNHN 图片。

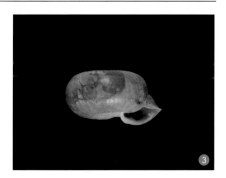

三齿蜗牛科 Family Trissexodontidae H. Nordsieck, 1987

欧洲、北非及大西洋岛屿分布。本科很多物种外壳开口处无齿。

① 巴布拉三齿蜗牛 *Oestophora barbula* (Rossmässler, 1838)。亚速尔群岛, 10 mm。

赞瑟螺科 Family Xanthonychidae Strebel & Pfeffer, 1879

壳球形或退化。分布于中北美洲。

② 特隆赞瑟螺 *Xerarionta tryoni* (Newcomb, 1864)。美国, 22 mm。

双壳纲 | Class Bivalvia

　　双壳纲都是水生的，一般来说，拥有对等的两壳，少数的科（如牡蛎等）附着在硬底上生长的物种可能左右壳异形。壳是钙质或部分钙质。最小的双壳物种只有 1 mm 左右，而最大的物种的壳可达 1 m 以上，质量可达 400 kg。

　　左右两壳由背部有弹性的韧带相连。韧带完成打开壳的功能，而位于壳内的闭壳肌完成闭壳功能。壳内侧有各种肌肉附着后留下的印痕。韧带的位置和结构多变，因此有很多术语用来描述它们。

　　壳内侧靠背部位置，称为铰合盘。铰合盘上一般有牙齿结构，一爿壳有牙齿的部位在另一爿壳的对应位置会有牙槽。铰合齿的数量、多少、强壮程度依物种不同而不同，有的物种可能没有可见的铰合齿。铰合齿一般被认为是非常保守的特征，可以作为分类学和宗谱研究的重要特征。

　　分类学上，在科及以上的分类上一直有些分歧，主要原因在于有大量的化石种，古生物学家主要依据形态学，而解剖学特征在现生种的分类中有重要作用。

Family Archaeocardiidae Khalfin, 1940

Family Camyidae Hinz-Schallreuter, 2000

Family Cardiolariidae Cope, 1997

Family Cirravidae Chernyshev, 1935

Family Fordillidae Pojeta, 1975

Family Laurskiidae Khalfin, 1948

Family Thoraliidae N. J. Morris, 1980

Family Tuarangiidae Mackinnon, 1982

以上 8 科都只有化石记录，亚纲、目和超科分类位置待定。

原鳃亚纲 | Subclass Protobranchia

Family Afghanodesmatidae Scarlato &Starobogatov, 1979

Family Antactinodiontidae Guo, 1980

Family Ctenodontidae Wöhrmann, 1893

Family Eritropidae Cope, 2000

Family Pseudocyrtodontidae Maillieux, 1939

Family Tironuculidae Babin, 1982

以上 6 科只有化石记录，目和超科级的分类待定。

银锦蛤目 Order Nuculida

银锦蛤超科 Superfamily Nuculoidea Gray, 1824

银锦蛤科 Family Nuculidae Gray, 1824

又称胡桃蛤，壳表光滑，有丝绸光泽，偶有刻饰，内侧珍珠光泽。列齿，后倾顶，外韧带。壳皮颜色和厚度可变。

❶ 美艳银锦蛤 *Ennucula puelcha* (d'Orbigny, 1842)。乌拉圭，12 mm。

Family Nucularcidae Pojeta & Stott, 2007

Family Palaeoconchidae S. A. Miller,1889

Family Praenuculidae McAlester, 1969

以上 3 科只有化石记录。

纱幔蛤科 Family Sareptidae Stoliczka, 1870

列齿, 壳光滑, 薄脆, 较扁, 后端较长。前后铰合齿分开, 韧带位于拴柱上。此科是抽取绫衣蛤科几个属独立而成。

芒蛤目 Order Solemyida

Superfamily Manzanelloidea Chronic, 1952

Family Manzanellidae Chronic, 1952
此科只有化石记录。

芒蛤超科 Superfamily Solemyoidea Gray, 1840

芒蛤科 Family Solemyidae Gray, 1840

壳长卵形, 薄。壳皮延伸到钙质壳外。表面油滑, 有放射线直达边缘。

❶ 大西洋芒蛤 *Solemya velum* Say, 1822。美国, 20 mm。

吻状蛤目 Order Nuculanida

吻状蛤超科
Superfamily Nuculanoidea H. Adams & A. Adams, 1858

吻状蛤科 Family Nuculanidae H. Adams & A. Adams, 1858

又称弯锦蛤。列齿，常有同心刻饰。有进出水管和套线窦。半内韧带，有韧带槽。

❶ 独木舟吻状蛤 *Nuculana pernula* (O. F. Müller, 1779)。丹麦，28 mm。

豌豆蛤科 Family Malletiidae H. Adams & A. Adams, 1858

外韧带，因此无韧带槽。壳光滑，略长，稍膨胀。

❷ 曲明豌豆蛤 *Malletia cumingi* (Hanley, 1860)。阿根廷，26 mm。

黄锦蛤科 Family Neilonellidae Schileyko, 1989

壳卵形，膨胀，喙状。韧带或内或外，有水管。

① 模糊黄锦蛤 *Neilonella dubia* Prashad, 1932。中国，8 mm。

豆叶蛤科 Family Phaseolidae Scarlato & Starobogatov, 1971

由 *Phaseolus* 属升级而成独立的科。

柳叶蛤科 Family Siliculidae Allen & Sanders, 1973

左右对等的小壳，扁，脆，长形，豁口。内后韧带，至少四前齿，三长后齿。铰合齿水平或倾斜。小而不明显的壳顶，无小月面和楯面。

② 罗氏柳叶蛤 *Silicula rouchi* Lamy, 1911。南极，9 mm。Poppe 图片。

廷达蛤科 Family Tindariidae Verrill & Bush, 1897

左右对等，卵形，膨胀，薄。同心刻饰，有壳顶。列齿发达，无韧带槽，外韧带，无套线窦，无壳皮。

❶ 肯尼廷达蛤 *Tindaria kennerlyi* (Dall, 1897)。美国，5 mm。Poppe图片。

Family Cadomiidae Scarlato & Starobogatov, 1979

Family Cucullellidae P. Fishcher, 1886

Family Isoarcidae Keen, 1969

Family Palaeoneilidae Babin, 1966

Family Polidevciidae Kumpera, Prantl & Růžička, 1960

以上 5 科只有化石记录。

绫衣蛤科 Family Yoldiidae Dall, 1908

左右对等，薄，长卵形。列齿，大多两端豁口。部分内韧带。大韧带槽，深套线窦。

❷ 柳叶刀绫衣蛤 *Yoldia martyria* Dall, 1897。美国，14 mm。

Family Cercomyidae Crickmay, 1936

Family Palaeocardiidae Scarlato & Starobogatov, 1979

Family Pucamytidae Sanchez in Sanchez & Benedetto, 2007

以上 3 科只有化石记录，超目、目和超科位置待定。

Superorder Nepiomorphia

Order Praecardiida

Superfamily Praecardioidea R. Hoernes, 1884

Family Praecardiidae R. Hoernes, 1884

Family Buchiolidae Grimm, 1998

Superfamily Cardioloidea R. Hoernes, 1884

Family Cardiolidae R. Hoernes, 1884

Family Slavidae Kříž, 1982

Order Antipleurida Kříž, 2007

Superfamily Dualinoidea Conrath, 1887

Family Dualinidae Conrath, 1887

Family Spanilidae Kříž, 2007

Family Stolidotidae Starobogatov, 1977

本超目只有化石记录。

Superorder Pteriomorphia

Family Eligmidae Gill, 1871

Family Evyanidae Carter, D. C. Campbell & M. R. Campbell, 2000

Family Ischyrodontidae Scarlato & Starobogatov, 1979

Family Limatulinidae Waterhouse, 2001

Family Matheriidae Scarlato & Starobogatov, 1979

Family Myodakryotidae Tunnicliff, 1987

Family Pichleriidae Scarlato & Starobogatov, 1979

Family Rhombopteriidae Korobkov, 1960

Family Umburridae Johnston, 1991

本超目以上 9 科只有化石记录。

贻贝目 Order Mytilida

Superfamily Modiolopsoidea P. Fischer, 1886

Family Modiolopsidae P. Fischer, 1886

Family Colpomyidae Pojeta &Gilbert-Tomlinson, 1977

Family Saffordiidae Scarlato & Starobogatov, 1979

本超科的以上 3 科只有化石记录。

贻贝超科 Superfamily Mytiloidea Rafinesque, 1815

贻贝科 Family Mytilidae Rafinesque, 1815

又称壳菜蛤科。海生, 个别物种淡水生活, 底栖, 有足丝。左右壳对称, 前后不对等。纤维状微观结构的钙质壳。壳顶位于前端且前倾。弱齿或无齿, 后韧带, 突韧带, 异肌痕, 无水管。

❶ 翡翠贻贝 *Perna viridis* (Linnaeus, 1758)。中国, 74 mm。

Family Mysidiellidae Cox, 1964

此科只有化石记录。

Order Cyrtodontida

Superfamily Cyrtodontoidea Ulrich, 1894

Family Cyrtodontidae Ulrich, 1894

Family Ptychodesmatidae Scarlato & Starobogatov, 1984

本目 2 科都只有化石记录。

魁蛤目 Order Arcida

Family Catamarcaiidae Cope, 2000

此科只有化石记录，超科位置待定。

魁蛤超科 Superfamily Arcoidea Lamarck, 1809

魁蛤科 Family Arcidae Lamarck, 1809

又称蚶。海生，科内差异大，大小从几毫米到超过 100 mm，海生底栖。主要生活在潮间带到浅水区域。大部分壳重，长形，前后不对等。表面刻饰发达，壳皮厚。列齿，韧带长，占满铰合区。壳顶左右分开。

❶ 布罗顿魁蛤 *Anadara broughtonii* (Schrenck, 1867)。中国，104 mm。

圆魁蛤科 Family Cucullaeidae Stewart, 1930

又称帽蚶、致纹蚶。海生，壳大，方形，重，膨胀。后端截形，铰合纤长。具有伪边齿的铰合齿结构能把此科和该超科的其他科分开。后闭壳肌处有突出盘片，魁蛤无此结构。

❶ 真圆魁蛤 *Cucullaea labiata* (Lightfoot, 1786)。泰国，84 mm。

蚶蜊科 Family Glycymerididae Dall, 1908

壳小到中型，厚重，多近似圆形，前后对等。腹缘咬合，有咬合齿。"八"字形列齿，双韧带。外表有的平滑，有的有放射肋，放射肋可强可弱。

❷ 欧洲蚶蜊 *Glycymeris glycymeris* (Linnaeus, 1758)。葡萄牙，49 mm。

罗伊蛤科 Family Noetiidae Stewart, 1930

小到中型海生贝类，壳膨胀，列齿。和魁蛤科的区别在于其铰合齿只占据铰合盘一小部分。

❸ 反罗伊蛤 *Noetia reversa* (Sowerby I, 1833)。巴拿马，36 mm。

Family Frejidae Ratter & Cope, 1998

Family Parallelodontidae Dall, 1898

Superfamily Glyptarcoidea Cope, 1996

Family Glyptarcidae Cope, 1996

以上 3 科只有化石记录。

笠蚶超科 Superfamily Limopsoidea Dall, 1895

笠蚶科 Family Limopsidae Dall, 1895

又称拟锉蛤。海生,壳左右对等,外形近三角或斜椭圆或近圆形。扁平或者略膨胀。壳顶位于中部或偏前。无足丝孔。表面刻饰弱,或有放射肋或者同心弱肋。壳皮厚,带毛,毛可伸出壳外缘。列齿,直线或者弯曲排列。韧带局限在壳顶下一三角形小区域。轻微异肌痕,前闭壳肌痕接近铰合线,略小。

❶ 大笠蚶 Limopsis belcheri (Adams & Reeve, 1850)。中国, 25 mm。

费蛤科 Family Philobryidae F. Bernard, 1897

微到小型壳,特别的铰合齿结构。内韧带,位于壳顶下一小凹坑内,两侧有两排横向牙齿。生活在潮间带到 100 m 水深海域。

❷ 小滑费蛤 Philobrya sublaevis Pelseneer, 1903。南极, 11 mm。Poppe 图片。

莺蛤目 Order Pteriida

Superfamily Ambonychioidea S. A. Miller, 1877

    Family Ambonychiidae S. A. Miller, 1877

    Family Abiellidae Starobogatov, 1970

    Family Alatoconchidae Termier, Termier & de Lapparent, 1974

    Family Inoceramidae Giebel, 1852

    Family Kinerkaellidae Scarlato & Starobogatov, 1979

    Family Lunulacardiidae P. Fischer, 1887

    Family Manticulidae Waterhouse, 2008

    Family Monopteriidae Newell, 1969

    Family Myalinidae Frech, 1891

    Family Prokopievskiidae H. A. Vokes, 1967

    Family Ramonalinidae Yancey, M. A. Wilson & Mione, 2009

此超科以上 11 科只有化石记录。

莺蛤超科 Superfamily Pterioidea Gray, 1847

莺蛤科 Family Pteriidae Gray, 1847

又称珍珠贝。左右壳基本对等或者完全不对等，右壳膨胀弧度较小。前后不对等，壳顶位于前端，前耳小。有足丝。韧带坑呈三角形，朝向后端，较浅。牙齿有变化，一般靠近壳顶的牙齿短，横向，靠后的牙齿长而纵向。未成年时双肌痕，成贝单肌痕，只有后肌痕。套线在前端不完整。壳内侧珍珠光泽，外侧平滑或有刻饰。

❶ 黑莺蛤 *Pteria avicular* (Holten，1802)。菲律宾，90 mm。

障泥蛤科 Family Isognomonidae Woodring, 1925

又称钳蛤。左右略等或者不对等,外形从圆形到长条状。壳扁平,左壳比右壳外凸。铰合线直,成贝无铰合齿,多韧带,小而垂直的韧带槽直线排列。有的物种有后足丝槽,或有后耳,很少有前耳。单肌痕。套线不完整,断成虚线。壳内外表面类似莺蛤。

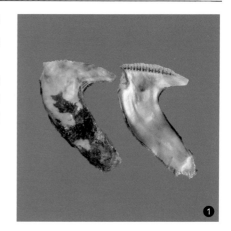

① 太平洋障泥蛤 *Isognomon isognomum* (Linnaeus, 1758)。澳大利亚, 146 mm。

丁蛎科 Family Malleidae Lamarck, 1818

外形多变,但主要呈长形,铰合部向两侧延伸,形成"丁"字形状。两壳基本对等或者不对等,足丝孔或有或无。后端或豁口。铰合结构简单,牙齿或有或无,有一三角形韧带区,单肌痕,无套线。

② 黑丁蛎 *Malleus malleus* (Linnaeus, 1758)。菲律宾, 168 mm。

多韧带蛤科 Family Pulvinitidae Stephenson, 1941

中型壳,三角形,卵形,或圆形。扁平,无翅膀。壳表有鳞片,似牡蛎。无铰合齿,韧带区宽,多韧带,韧带槽窄,和铰合线垂直。

单韧带穴蛤科 Family Vulsellidae Gray, 1854

又称薄钳蛤科，表面平滑或带鳞片，壳缘不咬合。内侧珍珠光泽，单肌痕。铰合部可变，无齿。韧带位于单一的韧带槽内，或者多韧带。

❶ 凤凰单韧穴蛤 *Vulsella vulsella* (Linnaeus, 1758)。菲律宾，63 mm。

Family Bakevelliidae King, 1850

Family Cassianellidae Ichikawa, 1958

Family Kochiidae Frech, 1891

Family Pergamidiidae Cox, 1964

Family Plicatostylidae Lupher & Packard, 1929

Family Posidoniidae Neumayr, 1891

Family Pterineidae Meek, 1864

Family Retroceramidae Koschelkina, 1980

本超科以上 8 科只有化石记录。

江珧超科 Superfamily Pinnoidea Leach, 1819

江珧科 Family Pinnidae Leach, 1819

江珧科有特别的三角形外壳，部分或者完全埋入基底中。左右壳基本对等。壳顶位于前端，足丝孔窄，位于腹缘前端。长的后韧带。异肌痕，前闭壳肌位于壳的前部尖角内，后闭壳肌大，位于中部或略偏前。后闭壳肌之前的内侧部分有珍珠光泽。无铰合齿，靠韧带结合双壳，韧带无弹性。后端和腹缘后部豁口。壳大可至 800 mm。

❷ 蓑江珧蛤 *Atrina kinoshitai* Habe, 1953。越南，124 mm。

牡蛎目 Order Ostreida

牡蛎超科 Superfamily Ostreoidea Rafinesque, 1815

牡蛎科 Family Ostreidae Rafinesque, 1815

种内的外形和尺寸差异很大。左右壳不对等，左壳黏附在基底上，左壳较凹，右壳较凸。黏附区域的形状极大地影响贝壳的外形。壳缘褶状，壳顶部不明显或腐蚀，有或大或小的左壳顶腔。没有套线或者很弱。单肌痕，闭壳肌位于后端。胎壳有似齿的结构，但变态后无铰合齿。平韧带或者多韧带，有韧带槽，多为三角形。

① 锯齿牡蛎 *Lopha cristagalli* (Linnaeus, 1758)。菲律宾，129 mm。

Family Arctostreidae Vialov, 1983　　　　Family Chondrodontidae Freneix, 1959

本超科以上 2 科只有化石记录。

罗锅蛤科 Family Gryphaeidae Vialov, 1936

又称缘曲牡蛎科。左右壳不对等。黏附区面积小于牡蛎，大壳可能脱离黏附自由生活。韧带前后都有蜿蜒的凹凸槽。单肌痕，肌痕圆形，位于前端靠近铰合部而不是壳边缘。壳有独特的蜂窝状结构。

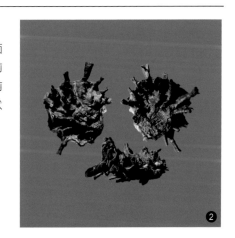

② 舌骨罗锅蛤 *Hyotissa hyotis* (Linnaeus, 1758)。菲律宾，102 mm。

海扇蛤目 Order Pectinida

Family Euchondriidae Newell, 1938

Family Praeostreidae Kříž, 1966

Family Prospondylidae Pechelintseva, 1960

Family Saharopteriidae G. Termier & H. Termier, 1972

Family Vlastidae Neumayr, 1891

以上 5 科只有化石记录, 超科位置待定。

银蛤超科 Superfamily Anomioidea Rafinesque, 1815

银蛤科 Family Anomiidae Rafinesque, 1815

又称不等蛤科。壳面纹饰能反映其吸附的基底状况。左右壳部对等, 壳精致而半透明, 右壳在下且更薄。单肌痕, 巨大的足丝孔。无铰合齿, 两壳由内韧带结合, 有支持韧带的拴柱。

❶ 红树林银蛤 *Enigmonia aenigmatica* (Holten, 1802)。菲律宾, 38 mm。

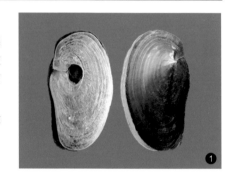

海月蛤科 Family Placunidae Rafinesque, 1815

又称云母蛤科、镜蛤科。小到大型壳, 表面有纵褶或细的纵肋, 也有同心纹或鳞状结构。壳圆形, 左右壳对等, 等厚度, 非常扁。壳顶在边缘。

❷ 云母海月 *Placuna placenta* (Linnaeus, 1758)。澳大利亚, 88 mm。

Family Permanomiidae Carter, 1990
此科只有化石记录。

Superfamily Aulacomyelloidae Ichikawa, 1958
Family Aulacomyellidae Ichikawa, 1958
Family Bositridae Waterhouse, 2008
Superfamily Aviculopectinoidea Meek & Hayden, 1865
Family Aviculopectinidae Meek & Hayden, 1865
Family Deltopectinidae Dickins, 1957
Superfamily Buchioidea Cox, 1953
Family Buchiidae Cox, 1953
Family Eurydesmatidae Reed, 1932
Superfamily Chaenocardioidea S. A. Miller, 1889
Family Chaenocardiidae S. A. Miller, 1889
Family Binipectinidae Feng & Liu, 1990
Family Family Streblochondriidae Newell, 1938
以上 4 超科只有化石记录。

双肌蛤超科 Superfamily Dimyoidea P. Fischer, 1886

双肌蛤科 Family Dimyidae P. Fischer, 1886
又称石牡蛎科。外形似牡蛎,右壳黏附硬底。双肌痕,前肌痕非常小,比后肌痕更靠近背部。

❶ 菲力普双肌蛤 *Dimya filipina* Bartsch, 1913。菲律宾, 18 mm。Poppe 图片。

Superfamily Heteropectinoidea Beurlen, 1954

Family Heteropectinidae Beurlen, 1954

Family Acanthopectinidae Newell & Boyd, 1995

Family Annuliconchidae Astafieva, 1995

Family Limipectinidae Newell & Boyd, 1990

Superfamily Halobioidea Kittl, 1912

Family Halobiidae Kittl, 1912

Family Claraiidae Gavrilova, 1996

Family Daonellidae Neumayr, 1891

Superfamily Leiopectinoidea Krasilova, 1959

Family Leiopectinidae Krasilova, 1959

Superfamily Monotoidea P. Fischer, 1886

Family Nonotidae P. Fischer, 1886

Family Dolponellidae Waterhouse, 2001

Superfamily Oxytomoidae Ichikawa, 1958

Family Oxytomidae Ichikawa, 1958

Family Otapiriidae Waterhouse, 1982

以上 5 超科各科只有化石记录。

海扇蛤超科 Superfamily Pectinoidea Rafinesque, 1815

海扇蛤科 Family Pectinidae Rafinesque, 1815

　　大科,壳前后大致对等。有些物种左右壳不对等,则右壳更外凸。壳缘咬合。铰合部扩展为前后双耳。非常早期的幼贝直线列齿,后期则在两壳上各有两齿。右耳下有足丝孔。 无前闭壳肌,后闭壳肌相应增大。

❶ 北极海扇蛤 *Chlamys islandica* (O. F. Müller, 1776)。俄罗斯, 100 mm。

❷ 大海扇蛤 *Pecten maximus* (Linnaeus, 1758)。法国, 96 mm。

❸ 小狮爪海扇蛤 *Nodipecten subnodosus* (Sowerby I, 1835)。墨西哥, 134 mm。

❹ 海草海扇蛤 *Leptopecten latiauratus* (Conrad, 1837)。美国, 23 mm。

拟日月贝科 Family Propeamussiidae Abbott, 1954

游离生活。壳薄脆，刻饰弱。无铰合齿，圆内韧带。

❶ 大光芒海扇蛤 *Propeamussium sibogai* (Dautzenberg & Bavay, 1904)。中国，36 mm。

海菊蛤科 Family Spondylidae Gray, 1826

海菊右壳黏附在硬基上，黏附部位因种不同。外形的种内变化没有牡蛎那么大。黏附的右壳更外凸，无栉纹。壳强壮，紧锁，外表多刺，有的刺很长。

❷ 光荣海菊蛤 *Spondylus gloriosus* Dall, Bartsch & Rehder, 1938。夏威夷，96 mm。

Family Entoliidae Teppner, 1922
Family Entolioidesidae Kasum-Zade, 2003
Family Neitheidae Sobetski, 1960
Family Pernopectinidae Newell, 1938
Family Tosapectinidae Truschchelev, 1984
本超科的以上 5 科只有化石记录。

猫爪蛤超科 Superfamily Plicatuloidea Gray, 1854

猫爪蛤科 Family Plicatulidae Gray, 1854

又称襞蛤科。右壳或紧或松地固定在硬底上，无耳。壳表有粗肋或褶。铰合部有次生的牙齿和齿槽，起到结合双壳的作用。深"V"形韧带和内韧带融合。

① 大西洋猫爪蛤 *Plicatula gibbosa* Lamarck, 1801。美国，20 mm。

Superfamily Pseudomonotoidea Newell, 1938

Family Pseudomonotidae Newell, 1938   Family Hunanopectinidae Yin, 1985
Family Terquemiidae Cox, 1964

Superfamily Pterinopectinoidea Newell, 1938

Family Pterinopectinidae Newell, 1938
Family Natalissimidae Waterhouse, 2008
以上 2 超科只有化石记录。

狐蛤目 Order Limida

狐蛤超科 Superfamily Limoidea Rafinesque, 1815

狐蛤科 Family Limidae Rafinesque, 1815

又称锉蛤科。双耳部对等或退化。左右壳均有浅韧带槽。无齿或者弱列齿。壳顶分隔。单肌痕，而且多数情况下肌痕模糊。边缘平滑或者锯齿状，有豁口。

② 正狐蛤 *Lima lima* (Linnaeus, 1758)。菲律宾，58 mm。

古异齿宗 Clade Palaeoheterodonta

三角蛤目 Order Trigoniida

Superfamily Beichuanioidea Liu & Gu, 1988

Family Beichuaniidae Liu & Gu, 1988

Superfamily Megatrigonioidea van Hoepen, 1929

Family Megatrigoniidae van Hoepen, 1929   Family Lotrigoniidae Saveliev, 1958

Family Rutitrigoniidae van Hoepen, 1929

Superfamily Myophorelloidea Kobayashi, 1954

Family Myophorellidae Kobayashi, 1954   Family Buchotrigoniidae H. A. Leanza, 1993

Family Laevitrigonidae Saveliev, 1958   Family Vaugoniidae Kobayashi, 1954

以上 3 超科只有化石记录。

三角蛤超科 Superfamily Trigonioidea Lamarck, 1819

三角蛤科 Family Trigoniidae Lamarck, 1819

三角形或者方形壳。多数为后倾顶。左壳有一强壮的双歧齿，右壳有两颗分开的牙齿，不位于铰合盘上。前拴柱发达。套线完整，壳内珍珠光泽。

❶ 白兰地三角蛤 *Neotrigonia bednalli* (Verco, 1907)。澳大利亚，27 mm。

Family Eoschizodidae Newell & Boyd, 1975

Family Groeberellidae Pérez, Reyes & Damborenea, 1995

Family Myophoriidae Bronn, 1849

Family Prosogyrotrigoniidae Kobayashi, 1954

Family Scaphellinidae Newell & Ciriacks, 1962

Family Schizodidae Newell & Boyd, 1975

Family Sinodoridae Pojeta & Zhang, 1984

以上 7 科只有化石记录。

蚌目 Order Unionida

Superfamily Archanodontoidea Modell, 1957

Family Archanodontidae Modell, 1957
此科只有化石记录。

Family Desertellidae Dechaseaux, 1947   Family Utschamiellidae Kolesnikov, 1977
Family Trigonodidae Modell, 1942
以上 3 科只有化石记录, 超科位置待定。

爱瑟贝超科 Superfamily Etherioidae Deshayes, 1832

爱瑟贝科 Family Etheriidae Deshayes, 1832

产于非洲大型湖泊, 当地也称为淡水牡蛎。

❶ 霸王爱瑟贝 *Etheria elliptica* Lamarck, 1807。刚果
（金）, 195 mm。

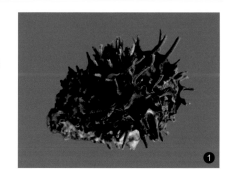

衣丽蚌科 Family Iridinidae Swainson, 1840

产于非洲, 牙齿结构类似列齿。

❷ 斯拜克衣丽蚌 *Pleiodon spekii* (Woodward, 1859)。布隆
迪, 129 mm。

菇蚌科 Family Mycetopodidae Gray, 1840

生活在南美洲。

1 豆荚菇蚌 Mycetopoda legumen (Martens, 1888)。乌拉圭, 103 mm。

海丽贝超科 Superfamily Hyrioidea Swainson, 1840

海丽贝科 Family Hyriidae Swainson, 1840

中到大型壳, 完全淡水生。左右壳对等, 厚壳皮, 壳内紫色或棕色珍珠层。壳顶区多有射线状或"V"形肋, 壳表尤其壳顶常腐蚀。歧齿, 中央齿有垂直细刻。

2 涨肋海丽贝 Castalia inflata (d'Orbigny, 1835)。阿根廷, 32 mm。

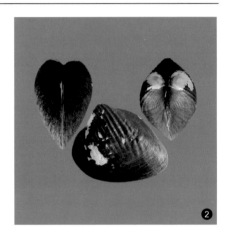

Superfamily Trigonioidoidea Cox, 1952

Family Trigonioididae Cox, 1952   Family Jilinoconchidae Ma, 1989

Family Nakamuranaiadidae Guo, 1981   Family Plicatounionidae Chen, 1988

Family Pseudohyriidae Kobayashi, 1968   Family Sainschandiidae Kolesnikov, 1977

本超科的 6 科只有化石记录。

蚌超科 Superfamily Unionoidea Rafinesque, 1820

蚌科 Family Unionidae Rafinesque, 1820

淡水物种。壳形多变,左右对等,由位于背部的韧带结合双壳。壳顶高度因种而异,常有刻饰。铰合盘在背部,多数物种左壳拟主齿和边齿各两枚,右壳一拟主齿两边齿。有些物种无明显铰合盘和牙齿。双肌痕发达,前肌痕规则的圆形,较深,后肌痕形状不规则。

① 伍氏蚌 *Sinanodonta woodiana* (Lea, 1834)。中国,152 mm.

珍珠蚌科 Family Margaritiferidae Henderson, 1929

淡水物种。壳长,通常尖,前端圆,几乎无后端龙骨。壳顶低,表面刻饰为粗糙的平行肋。壳皮呈同心纹。铰合齿不完全或者根本没有。左壳 2 枚或不到 2 枚不完全的拟主齿,右壳 1 枚,经常退化为颗粒状。边齿短或者无。壳顶腔很浅。肌痕大,前肌痕粗糙,后肌痕椭圆状。壳内珍珠层覆盖套线以内。

② 珍珠蚌 *Margaritifera margaritifera* (Linnaeus, 1758)。比利时, 94 mm。

Family Liaoningiidae Yu & Dong, 1993

Family Sancticarolitidae Simone & Mezzalira, 1997

本超科以上 2 科只有化石记录。

异齿宗 Clade Heterodonta

Family Anodontopsidae S. A. Miller, 1889

Family Baidiostracidae Fang & Cope, 2008

Family Intihuarellidae Sanchez, 2003

Family Lyrodesmatidae P. Fischer, 1886

Family Montanariidae Scarlato & Starobogatov, 1979

Family Nyassidae S. A. Miller, 1877

Family Pseudarcidae Scarlato & Starobogatov, 1979

Family Redoniidae Babin, 1966

Family Tanaodontidae Liu, 1976

Family Zadimerodiidae Guo, 1988

以上 10 科只有化石记录，目和超科位置待定。

满月蛤目 Order Lucinida

Superfamily Babinkoidea Horný, 1960

Family Babinkidae Horný, 1960

Family Coxiconchiidae Babin, 1977

本超科的 2 科只有化石记录。

满月蛤超科 Superfamily Lucinioidea J. Fleming, 1828

满月蛤科 Family Lucinidae J. Fleming, 1828

小到中型，卵形或者梯形，腹缘或有锯齿。很强的同心刻饰，会同放射状刻饰构成布纹结构，后端尤其明显。有些物种的刻饰成双歧状。明显的闭壳肌痕和一套线肌痕结合在一起。左右两壳各两颗主齿，或者各有单一主齿或无主齿。右壳有长的边齿，部分物种左侧也有边齿。

❶ 满月蛤 *Codakia tigerina* (Linnaeus, 1758)。菲律宾，100 mm。

Family Mactromyidae Cox, 1929

以上 2 科只有化石记录。

Family Paracyclidae Johnston, 1993

索足蛤超科 Superfamily Thyasiroidea Dall, 1900

索足蛤科 Family Thyasiridae Dall, 1900

又称无齿蛤科。壳薄，类三角形，常有背部龙骨。半透明壳皮，表面刻饰弱，同心纹。铰合齿通常都弱，有变化。两闭壳肌都略长。

① 萨西索足蛤 *Thyasira sarsii* (Philippi, 1845)。丹麦，14 mm。

Order Actinodontida

Superfamily Cycloconchoidea Ulrich, 1894

Family Cycloconchidae Ulrich, 1894

Family Actinodontidae Davies, 1933

本目只有化石记录。

算盘蛤目 Order Carditida

Family Aenigmoconchidae Betekhtina, 1968

Family Cardiniidae Zittel, 1881

Family Palaeocarditidae Chavan, 1969

Family Myophoricardiidae Cox & Chavan, 1969

以上 4 科只有化石记录，超科位置待定。

算盘蛤超科 Superfamily Carditoidea Férussac, 1822

算盘蛤科 Family Carditidae Férussac, 1822

又称心蛤科。小到中型，圆形到马头状。除非受发育环境限制，一般左右对等，有些物种有深色厚壳皮。前倾顶，位于前端。大多数内韧带外露为平韧带形式。左壳两主齿，右壳三主齿，前主齿或退化或无。后主齿和背缘平行，在韧带下延伸。主齿呈片状，有垂直刻饰。腹缘锯齿状。双肌痕，套线一般完整，无窦。

❶ 粗肋算盘蛤 *Cardita crassicosta* Lamarck, 1819。菲律宾，46 mm。

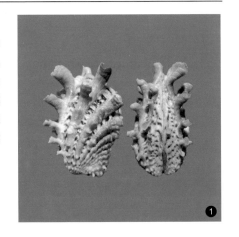

小算盘蛤科 Family Condylocardiidae F. Bernard, 1896

微到小型，一般小于 3 mm。厚，结实，左右两壳外形一致，多为三角形，高度大于长度，个别物种卵圆或梯形。放射肋。两壳在背部可能略不同。韧带下沉或者内韧带，弱。壳顶突出如杯状。不同属的牙齿不同。

❷ 扇形小算盘蛤 *Crassacuna pusilla* (H. Lynge, 1909)。菲律宾，1 mm。Poppe 图片。

厚壳蛤超科 Superfamily Crassatelloidea Férussac, 1822

厚壳蛤科 Family Crassatellidae Férussac, 1822

小到大型壳，近三角形至方形，后端或呈喙状。铰合部位于同一平面，厚壮。右主齿"八"字形，能和左壳三主齿紧锁。前后边齿顺壳缘延伸。铰合盘上有内韧带槽，内韧带位于壳顶下。韧带肌痕明显，大小相等。有明显的套线，无窦。

❶ 斧形厚壳蛤 *Eucrassatella donacina* (Lamarck, 1818)。澳大利亚, 97 mm。

爱神蛤科 Family Astartidae d'Orbigny, 1844

相对保守和古老的科。左右壳略不对等。在小月面，右壳部分覆盖左壳，在楯面，左壳轻微覆盖右壳。壳内可见肋。和厚壳蛤科的区别在于无内韧带和韧带槽。

❷ 北冰洋爱神蛤 *Astarte borealis* (Schumacher, 1817)。挪威, 30 mm。

Family Eodonidae Carter, D. C.Campbell & M. R. Campbell, 2000

Family Ptychomyidae Keen, 1969

以上 2 科只有化石记录。

Superfamily Anthracosioidea Amalitsky, 1892

Family Anthracosiidae Amalitzky, 1892

Family Carbonicolidae Cox, 1932

Family Opokiellidae Kanev, 1983

Family Shaanxiconchidae Liu, 1980

Family Sinomyidae Scarlato & Starobogatov, 1979

本超科 5 科都只有化石记录，目级分类待定。

Family Congeriomorphidae Saul, 1976

Family Dicerocardiidae Kutassy, 1934

Family Mecynodontidae Haffer, 1959

Family Megalodontidae Morris & Lycett, 1853

Family Pachyrismatidae Scarlato & Starobogatov, 1979

Family Plethocardiidae Scarlato & Starobogatov, 1979

Family Wallowaconchidae Yancey & Stanley, 1999

以上 7 科只有化石记录，目级分类待定。

Order Hippuritida

Superfamily Radiolitoidea d'Orbigny, 1847

Family Radiolitidae d'Orbigny, 1847

Family Antillocaprinidae MacGillavry, 1937

Family Caprinidae d'Orbigny, 1847

Family Caprinulidae Yanin, 1990

Family Caprotinidae Gray, 1848

Family Diceratidae Dall, 1895

Family Hippuritidae Gray, 1848

Family Ichthyosarcolitidae Douvillé, 1887

Family Monopleuridae Munier-Chalmas, 1873

Family Plagioptychidae Douville, 1888

Family Trechmanellidae Cox, 1934

Superfamily Requienioidea Kutassy, 1934

Family Requieniidae Kutassy, 1934

Family Epidiceratidae Rengarten, 1950

以上 2 超科只有化石记录。

帘蛤目 Order Venerida

大斧蛤科 Family Hemidonacidae Scarlato & Starobogatov, 1971

超科位置待定。小到中型壳，非常结实，三角形，放射肋。无套线窦，腹缘有咬合齿。左壳有双歧主齿，边齿靠近主齿。后韧带，并有前后次生韧带。

1 斧形蛤 *Hemidonax donaciformis* (Bruguière, 1789)。菲律宾，26 mm。

北极蛤超科 Superfamily Arcticoidea Newton, 1891

北极蛤科 Family Arcticidae Newton, 1891

只有一个物种记录。强大的下沉外韧带，两或三颗主齿，边齿发达。套线完整，无窦或极弱。双肌痕。

2 北极蛤 *Arctica islandica* (Linnaeus, 1767)。苏格兰，84 mm。

棱蛤科 Family Trapezidae Lamy, 1920

又称船蛤科。中型壳，一般为长形，前后不对等，壳顶近前端。成长过程中，壳会变结实，更膨胀，因发育环境限制可能变形。异齿，铰合盘长，窄，平。两或三颗主齿，一般有前后边齿，长度取决于壳的外形和壳顶位置。闭壳肌痕和收缩肌痕大小都不一样。

3 吉尔棱蛤 *Trapezium gilvum* (von Martens, 1872)。菲律宾，105 mm。

Family Euloxidae J. Gardner, 1943

Family Isocyprinidae R. N. Gardner, 2005

Family Pollicidae Stephenson, 1953

Family Pollicidae Stephenson, 1953

Family Veniellidae Dall, 1895

以上 5 科只有化石记录。

鸟蛤超科 Superfamily Cardioidea Lamarck, 1809

鸟蛤科 Family Cardiidae Lamarck, 1809

又称鸟尾蛤科。左右壳对等，卵形或近方形。前倾顶，短平韧带。两壳各两颗主齿，垂直排列，在壳边缘可能会合。左壳前后边齿各一枚，右壳则前后边齿一或两枚。双肌痕大致相等，套线完整，无窦。

① 欧洲刺鸟尾蛤 *Acanthocardia aculeata* (Linnaeus, 1758)。意大利，78 mm。

砗磲科 Family Tridacnidae Lamarck, 1819

壳大，极厚，左右壳对等，有初级肋。两倾斜的片状主齿，一枚或更多边齿（多数无前边齿），多有足丝孔。靠后的外韧带。后闭壳肌痕（单肌痕）大，和后收缩肌痕结合。套线完整，无窦。本科物种和所有其他双壳不同，它们以背部倚靠基底生活，其他器官如外套膜和水管也适应这种方式。一些作者将此科作为鸟蛤科的亚科处理，但形态学上独立为科更合理。

② 菱砗磲蛤 *Hippopus hippopus* (Linnaeus, 1758)。中国，168 mm。

猴头蛤超科 Superfamily Chamoidea Lamarck, 1809

猴头蛤科 Family Chamidae Lamarck, 1809

又称猿头蛤科、偏口蛤科。幼壳时期并不黏附于基底，左右壳对等，形状规则，典型的异齿铰合盘。成贝左右壳不对等。壳顶明显前倾。在后来的发育中，铰合盘被很壮的棱覆盖。黏附的壳上有两条棱，形成一个槽，与此配合，不黏附的壳上有一条棱。这类棱并不是由典型的牙齿发育而成，但占据了铰合部可以作为本科的鉴定特征。

❶ 布迪娜猴头蛤 *Chama buddiana* Adams，1852。墨西哥，61 mm。

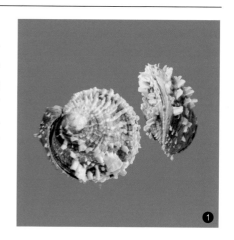

蚕豆蛤超科 Superfamily Cyamioidea G. O. Sars, 1878

蚕豆蛤科 Family Cyamiidae G. O. Sars, 1878

壳小到中型，左右壳对等，圆形或长形，壳薄，有的壳膨胀，前后可对等也有不对等的。壳表光滑或有放射肋。前后闭壳肌大致相等，无收缩肌。铰合盘或宽或弱，有的有内韧带槽。有主齿和边齿，或退化。

❷ 薄片蚕豆螺 *Cyamiomactra laminifera* (Lamy, 1906)。南极乔治王子岛，6 mm。Poppe 图片。

巴士德蛤科 Family Basterotiidae Cossmann, 1909

有些作者处理为袖扣蛤科的亚科。

① 吉布提巴士德蛤 *Basterotia caledonica djiboutiensis* H. Fischer, 1901。吉布提，21mm。MNHN 图片。

加拉蛤科 Family Galatheavalvidae Knudsen, 1970

有些作者处理为袖扣蛤科的亚科。

果核蛤科 Family Sportellidae Dall, 1899

壳小，左右对等，前后不对等，方形或长卵圆，壳顶凸出。白色，表面光滑或有小颗粒。铰合盘上只有韧带槽。三角形主齿可以和边齿明显分离。内韧带小，有一栓柱支持，韧带大部分外露。肌痕大致相等，套线窦很浅。

蚬超科 Superfamily Cyrenoidea Gray, 1840

蚬科 Family Cyrenidae Gray, 1840

小到大型壳，三角形到卵圆形，腹缘总是圆形，同心棱发达，壳顶小。纤维状壳皮发达。左右各 3 颗主齿，但右壳更强。壳顶前后都有 1~2 枚边齿。淡水或者半海水环境物种。

② 滇池蚬 *Corbicula fenouilliana* Heude, 1887。中国，27 mm。

绿螂科 Family Glauconomidae Gray, 1853

又称云蛤科。壳长形或椭圆，一般小于 50 mm，左右对等，薄，脆，前后略有差异。套线窦长，水平，指头状。韧带向后外延伸，有栓柱支持。3 颗分离的主齿，无小月面和楯面。壳表有不规则的同心刻饰，被或绿或黄的壳皮覆盖。

① 角绿螂 *Glauconome angulata* Reeve，1844。中国，17 mm。

拟蚬超科
Superfamily Cyrenoidoidea H. Adams & A. Adams, 1857

拟蚬科 Family Cyrenoididae H. Adams & A. Adams, 1857

左右壳对等，前后不对等，圆或卵形，膨胀，薄，脆。壳皮下有细同心线。壳顶凸出向后。壳内白。外韧带。铰合盘有尖锐薄片，无歧主齿，无边齿。无小月面，或有楯面。套线完整无窦，双肌痕，前肌痕长形。淡水和半咸水中生活。

饰贝超科 Superfamily Dreissenoidea Gray, 1840

饰贝科 Family Dreissenidae Gray, 1840

又称似壳菜蛤科。左右壳对等，贻贝状。外韧带长，下沉。壳顶腔中有横膈。有壳皮，无铰合齿。异肌痕，无窦套线。内侧无珍珠层，韧带在背部有增生部分，凭此可和贻贝区分。

② 斑马饰贝 *Dreissena polymorpha* (Pallas, 1771)。德国，33 mm。

股蛤超科 Superfamily Gaimardioidea Hedley, 1916

股蛤科 Family Gaimardiidae Hedley, 1916

小型海贝。

1 南美股蛤 *Gaimardia trapesina* (Lamarck, 1819)。阿根廷，15 mm。

袖扣蛤超科 Superfamily Galeommatoidea Gray, 1840

袖扣蛤科 Family Galeommatidae Gray, 1840

又称为鼬眼蛤科。小型海贝，常和其他无脊椎动物共生。左右对等，薄，多数脆，外形多变。有一小的内韧带，个别的有外韧带。铰合盘上有主齿和边肋片。

2 宝石袖扣蛤 *Scintilla imperatoris* Lützen & Nielsen，2005。菲律宾，11 mm。

拉沙蛤科 Family Lasaeidae Gray, 1842

又称为钮扣蛤科。壳薄，左右对等，前后或对等或不对等。或近圆形，或近方形，或近三角形，或多倾斜。无豁口，刻饰弱或无。弱铰合盘侧齿，或强铰合盘有齿突。韧带长侧外露，短侧下沉。双肌痕，前闭壳肌痕一般更长且和套线结合，有时难以看清。

3 阿当拉沙蛤 *Lasaea adansoni* (Gmelin, 1791)。阿根廷，3 mm。

同心蛤科 Family Glossidae Gray, 1847

小到中型，最大可以到 90 mm。左右对等，膨胀，卵圆到球形。有背到腹的龙骨。最显著的特征是大壳顶，前倾，左右分离。后韧带外露，窄。异齿，每壳两主齿，后齿和壳背缘平行。

① 龙王同心蛤 *Glossus humanus* (Linnaeus, 1758)。意大利，75 mm。

小凯丽蛤科 Family Kelliellidae P. Fischer, 1887

微或小型壳。左右壳对等，外形圆，体型膨胀。壳缘内侧光滑，套线简单。壳顶近前端，前面或有小月面。壳顶后有不强的韧带，有的韧带外露，有的则为内韧带，固定在壳顶下的小凹槽内。

② 海克小凯丽蛤 *Waisiuconcha haeckeli* Cosel & Salas, 2001。毛里塔尼亚，3 mm。Poppe 图片。

雪瓜蛤科 Family Vesicomyidae Dall & Simpson, 1901

又称囊蛤科。壳卵形到窄长形，边缘扁，多数有壳皮，壳皮上有装饰物，干壳装饰物会脱落。明显后倾顶，前腹缘有豁口。有发育程度不一样的楯面和小月面，中间有凹槽隔开。后韧带在楯面下沉。表面刻饰都是同心的，无放射方向。异齿。

③ 几内亚雪瓜蛤 *Wareniconcha guineensis* (Thiele, 1931)。菲律宾，6 mm。Poppe 图片。

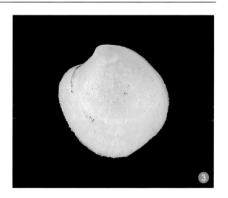

马珂蛤超科 Superfamily Mactroidea Lamarck, 1809

马珂蛤科 Family Mactridae Lamarck, 1809

又称蛤蜊科。中到大型壳，光滑，左右对等，多为三角形。铰合部发达，有一大的韧带槽，左壳有倒"V"形主齿，右壳有一对结合或几乎结合的尖主齿。边齿通常较长。典型的壳膨胀，且相对其尺寸来说壳较轻。

1 大马珂蛤 *Mactra grandis* Gmelin, 1791。菲律宾, 61 mm。

小鸭嘴蛤科 Family Anatinellidae Deshayes, 1853

又称水鸭蛤科。只有一种。前后不对等，左右对等，膨胀，脆。小豁口，同心刻饰和精细的放射线。平韧带，内韧带，两壳都有支持韧带的栓柱。两壳都有小的主齿和片状结构。无边齿。腹缘内侧光滑。薄壳皮。双肌痕，前肌痕窄长，后肌痕不规则圆形。套线完整无窦。

拟鸟蛤科 Family Cardiliidae P. Fischer, 1887

又称象蛤科。壳膨胀，壳表放射肋。成对的壳构成心形，壳顶略带螺旋。内韧带，左壳有长的倒"V"形主齿，右壳有较弱的三角形主齿。无边齿，无套线窦。

2 半纹拟鸟蛤 *Cardilia semisulcata* (Lamarck, 1819)。菲律宾, 8 mm。Poppe 图片。

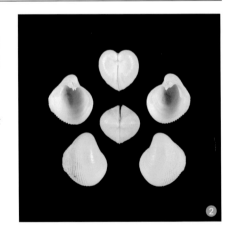

中带蛤科 Family Mesodesmatidae Gray, 1840

又称尖峰蛤科。类似马珂蛤，但是外形更扁平，斧形，内韧带窄，主齿更简单，倒"V"形主齿不明显，后倾顶。

❶ 巴西中带蛤 *Amarilladesma mactroides* (Reeve, 1854)。巴西，79 mm。

球蚬超科 Superfamily Sphaerioidae Deshayes, 1855

球蚬科 Family Sphaeriidae Deshayes, 1855

微到小型壳。左右对等，卵圆或近卵圆外形，薄，多透明。铰合齿窄，弯曲，不构成铰合盘。左壳两主齿，壳顶两侧各一长边齿。右壳一主齿，两长边齿。主齿精细，和壳缘平行。韧带短而弱。淡水物种。

❷ 粗纹球蚬 *Sphaerium transversum* (Say, 1829)。加拿大，14 mm。

Family Ferganoconchidae Martinson, 1961   Family Neomiodontidae Casey, 1955
Family Kijidae Kolesnikov, 1977   Family Pseudocardiniidae Martinson, 1961
Family Limnocyrenidae Kolesnikov, 1977   Family Sibireconchidae Kolesnikov, 1977
以上 6 科只有化石记录。

樱蛤超科 Superfamily Tellinoidea Blainville, 1814

樱蛤科 Family Tellinidae Blainville, 1814

壳扁平，薄，后端弯折有豁口，右壳更膨胀和外凸。双肌痕，前肌痕略大。铰合部窄，两主齿，边齿或有或无。套线窦很深，左右壳套线外形可不同。

① 日光樱蛤 *Tellinella virgata* (Linnaeus, 1758)。菲律宾，58 mm。

斧蛤科 Family Donacidae J. Fleming, 1828

三角形，前端窄，圆，后端宽，斜截形，外形似斧而得名。后端不弯折，无豁口。壳结实，左右对等，腹缘咬合紧密。壳皮薄。双肌痕大致相等。套线窦发达。

② 缘齿斧蛤 *Donax denticulatus* Linnaeus, 1758。委内瑞拉，20 mm。

紫云蛤科 Family Psammobiidae J. Fleming, 1828

壳长 10~200 mm。扁平，右壳比左壳外凸。壳顶低，位于背部中间。后端豁口。双肌痕。铰合部窄，牙齿精细。两壳均有两双歧主齿。套线窦深。壳外形和樱蛤相似，但后端无弯折，且无边齿。

③ 美色紫云蛤 *Gari pulcherrima* (Deshayes, 1855)。菲律宾，24 mm。

唱片蛤科 Family Semelidae Stoliczka, 1870

又称双带蛤科。和樱蛤非常相似，但内韧带比例加大，且沉入位于两壳上的韧带槽内。后端有很轻微的弯折，树皮状壳皮。铰合部两主齿两边齿。

① 宿务唱片蛤 *Semele zebuensis* (Hanley, 1843)。菲律宾，41 mm。

截蛏科 Family Solecurtidae d'Orbigny, 1846

又称毛蛏科。壳表光滑或者有斜的（通常是双分的）肋饰。边缘平整，壳皮发达。双肌痕，很窄，都靠近背部。套线窦可浅可深。铰合部和韧带 同紫云蛤。

② 总角截蛏 *Solecurtus divaricatus* (Lischke, 1869)。中国，73 mm。

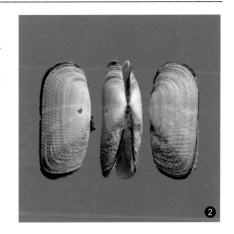

Family Icanotiidae Casey, 1961
Family Sowerbyidae Cox, 1929
Family Tancrediidae Meek, 1864
本超科以上 5 科只有化石记录。

Family Unicardiopsidae Chavan, 1969
Family Quenstedtiidae Cox, 1929

蹄蛤超科 Superfamily Ungulinoidea Gray, 1854

蹄蛤科 Family Ungulinidae Gray, 1854

一对主齿，中间双歧。壳外形多变，从圆到三角形。刻饰弱或没有。前闭壳肌痕如满月蛤，和套线结合。后闭壳肌痕大而长。

❶ 小方蹄蛤 *Zemysina subquadrata* (Carpenter, 1856)。墨西哥，13 mm。

帘蛤超科 Superfamily Veneroidea Rafinesque, 1815

帘蛤科 Family Veneridae Rafinesque, 1815

全球分布的大科，超过 500 种，海水或半海水中生存。有小月面和楯面，内侧边缘或有锯齿或同心沟槽。主齿可能变为颗粒状。韧带柱粗糙，有刻纹，或者略分歧，因而形成假主齿。和其他异齿双壳类相比，本科特征为左右壳均三主齿，顶前倾，有套线窦。

❷ 罗萨琳帘蛤 *Venus rosalina* Rang, 1834。几内亚，37 mm。

新薄壁蛤科 Family Neoleptonidae Thiele, 1934

壳小，左右对等，一般为圆形，前后大致对等。壳高多数略大于壳长，光滑或者同心刻饰。铰合盘宽，弯曲，壳顶下有韧带槽，其侧为 1~2 枚主齿。边齿长，次边齿片状位于韧带上。闭壳肌大小基本相等。

❸ 刻纹新薄壁蛤 *Neolepton sulcatulum* (Jeffreys, 1859)。马耳他，2 mm。Poppe 图片。

住石蛤科 Family Petricolidae d'Orbigny, 1840

浅海区的穴居物种。壳卵圆到长形。壳顶居前，短而粗糙的韧带，套线窦发达。后闭壳肌略大于前闭壳肌。右壳二主齿，左壳三主齿。铰合盘窄，类帘蛤。表面刻饰格子状或"人"字形。

❶ 方心住石蛤 *Petricola carditoides* (Conrad, 1837)。墨西哥，23 mm。

海螂目 Order Myida

海螂超科 Superfamily Myoidea Lamarck, 1809

海螂科 Family Myidae Lamarck, 1809

壳薄，白垩状，刻饰弱，后端豁口。套线窦发达。无铰合齿，有或强或弱的栓柱支持韧带。

❷ 截尾海螂蛤 *Mya truncata* Linnaeus, 1758。挪威，38 mm。

抱蛤科 Family Corbulidae Lamarck, 1818

又称篮蛤科。左右两壳不对等，腹缘部咬合，左壳不如右壳外凸且较小，近三角形或长三角形，同心刻饰。铰合齿弱。左壳有支持韧带的栓柱，右壳对应位置有承接栓柱的凹槽。

❸ 彩色抱蛤 *Corbula speciosa* Reeve, 1843。巴拿马，16 mm。

艾罗贝科 Family Erodonidae Winckworth, 1932

南大西洋小到中型贝类，壳似抱蛤，但动物研究支持独立为科。

1 南美艾罗贝 *Erodona mactroides* Daudin in Bosc, 1801。阿根廷，31 mm。

Family Pleurodesmatidae Cossmann, 1909　　Family Raetomyidae Newton, 1919

以上 2 科只有化石记录。

鸥蛤超科 Superfamily Pholadoidea Lamarck, 1809

鸥蛤科 Family Pholadidae Lamarck, 1809

又称海笋科。本超科物种特化为穴居物种，可在各种硬基底上营造洞穴，如礁岩、泥岩、煤块、低强度水泥、贝壳、木头，甚至聚氯乙烯和泡沫塑料。前端到壳顶的背部壳外翻，前闭壳肌黏附于此壳外区域，后闭壳肌大。无铰合齿，有一小栓柱为内韧带提供支撑。有附板保护前闭壳肌和水管。动物可完全缩回壳内。套线扁，窦相对宽。三肌痕。

2 天使之翼鸥蛤 *Cyrtopleura costata* (Linnaeus, 1758)。美国，184 mm。

船蛆科 Family Teredinidae Rafinesque, 1815

动物似蠕虫，壳退化，前端尖角，大豁口。球形，脆，壳明显分为三个区域。无珍珠层，无附板。内韧带，小韧带槽。三肌痕。

① 舰船蛆 *Teredo navalis* Linnaeus, 1758。意大利, 7 mm。

餯齿目 Order Adapedonta

潜泥蛤超科 Superfamily Hiatelloidea Gray, 1824

潜泥蛤科 Family Hiatellidae Gray, 1824

穴居海贝。左右壳对等，大型壳略不等。表面光滑或弱的不规则同心纹。淡白色，后端略长。等肌痕。退化的异齿结构，无边齿，每壳各有一退化主齿，成年或消失。强大的后韧带。

② 南方潜泥蛤 *Hiatella australis* (Lamarck, 1818)。澳大利亚, 27 mm。

竹蛏超科 Superfamily Solenoidea Lamarck, 1809

竹蛏科 Family Solenidae Lamarck, 1809

中等大小，很少超过 150 mm。铰合部位于前端，每壳一主齿。后韧带，外露，有韧带柱。右壳在生长过程中插入左壳。壳长，左右对等，前后不对等，两端截形并豁口。外表光滑，有弱同心刻饰，壳皮有光泽。

① 赤竹蛏 *Solen gordonis* Yokoyama, 1920。中国，72 mm。

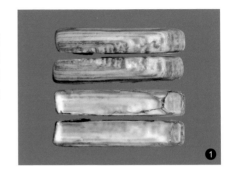

毛蛏科 Family Pharidae H. Adams & A. Adams, 1856

外形类竹蛏，窄矩形，但更扁和宽，壳顶近端点。壳内有从壳顶发出的支撑橡。右壳两主齿，左壳一主齿。

② 弯毛蛏 *Ensis arcuatus* (Jeffreys, 1865)。比利时，104 mm。

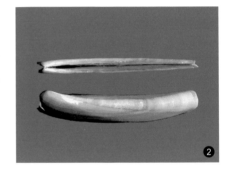

Superfamily Modiomorphoidea S. A. Miller, 1877

Family Modiomorphidae S. A. Miller, 1877

Family Cypricardiniidae Ulrich, 1894

Family Hippopodiumidae Cox, 1969

Family Palaeopharidae Marwick, 1953

Family Tusayanidae Scarlato & Starobogatov, 1979

Superfamily Kalenteroidae Marwick, 1953

Family Kalenteridae Marwick, 1953

以上 2 超科只有化石记录，目级分类待定。

开腹蛤超科 Superfamily Gastrochanoidea Gray, 1840

开腹蛤科 Family Gastrochaenidae Gray, 1840

在目一级的分类待定。壳小，无齿，薄，稍长，左右对等，腹缘豁口（是以得名）。基于壳上长凹槽的后置韧带外露。异肌痕或等肌痕。很深的套线窦。

❶ 可疑开腹蛤 *Rocellaria dubia* (Pennant, 1777)。土耳其，18 mm。

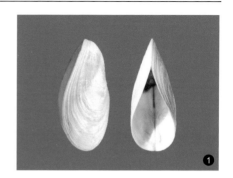

笋螂目 Order Pholadomyida

Family Ceratomyidae Arkell, 1934
此科只有化石记录，超科位置待定。

Superfamily Ceratomyoidea Arkell, 1934

Family Ceratomyidae Arkell, 1934
此科只有化石记录。

滤管蛤超科 Superfamily Clavagelloidea d'Orbigny, 1844

滤管蛤科 Family Clavagellidae d'Orbigny, 1844

又称棒蛎科、筒蛎科。特别适应群居，成年动物居于一次生钙管内。幼年时是游离生活的小双壳，埋在海底沉积，或者在软石灰岩中穴居。后来增生钙管，双壳融合于其上。钙管前端简单或者有复杂的小管结构，开放，水流可经过，埋于基底中，后端则伸出基底突入水中。无珍珠层，无铰合盘。

❷ 巨柱滤管蛤 *Nipponoclava gigantea* (Sowerby, 1888)。中国，271 mm。

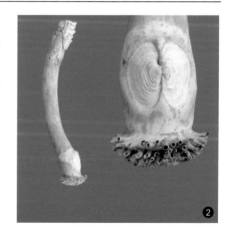

Superfamily Edmondioidea King, 1850

Family Edmondiidae King, 1850

Family Pachydomidae P. Fischer, 1887

本超科只有化石记录。

三角瓣蛤超科
Superfamily Myochamoidea P. P. Carpenter, 1861

三角瓣蛤科 Family Myochamidae P. P. Carpenter, 1861

又称螂猿头蛤科。左右两壳差异极大，多为三角形，壳顶突出。无豁口。无齿，内韧带或无韧带。

❶ 三角瓣蛤 *Myadora striata* (Quoy & Gaimard，1835)。新西兰，36 mm。

似偏口蛤科 Family Cleidothaeridae Hedley, 1918

有壳皮，常被腐蚀。左右壳不对等，前后不对等，右壳较大且黏附在硬底上。右壳深凹，龙骨状。左壳较平，盖在右壳上像个杯盖。壳形螺旋状，有次生韧带结合，左壳有次生牙齿。异肌痕，后肌痕小。

❷ 白似偏口蛤 *Cleidothaerus albidus* (Lamarck，1819)。澳大利亚，58 mm。

屠刀蛤超科 Superfamily Pandoroidea Rafinesque, 1815

屠刀蛤科 Family Pandoridae Rafinesque, 1815

又称帮斗蛤科。原生韧带很低,在两韧带槽间有韧带隔。或有次生齿,在右壳上表现为中央主齿而在左壳上表现为前后主齿。

❶ 不等屠刀蛤 *Pandora inaequivalvis* (Linnaeus, 1758)。西班牙, 31 mm。

波浪蛤科 Family Lyonsiidae P. Fischer, 1887

又称里昂司蛤科。长形,前后不对等。或脆或结实。左右壳不等,左壳覆盖在右壳上。壳皮或厚或薄,常附颗粒。内侧珍珠层。无齿,有内韧带和长的韧带隔。双肌痕,肌痕小。套线有窦。成贝有足丝。

❷ 佛州波浪蛤 *Lyonsia floridana* Conrad, 1849。美国, 10 mm。

笋螂超科 Superfamily Pholadomyoidea King, 1844

笋螂科 Family Pholadomyidae King, 1844

多数左右壳对等,白色,透明。12~15 条不算清晰的放射肋位于壳中部,其上有成串的颗粒。后水管豁口巨大,前腹缘豁口略小。后置外露平韧带。每壳一颗不清晰的牙齿,异肌痕,短窦,内侧珍珠光泽。

明螂蛤科 Family Parilimyidae Morton, 1981

在壳的中前部有一蠕虫肌痕是本科一大特点。壳似笋螂科，但略小。壳薄，基本白色，左右对等，前后不对等。腹缘咬合，但前后豁口。壳顶完整，弯曲。角质外韧带。套线完整，后闭壳肌痕圆，前闭壳肌痕卵圆，外加一蠕虫肌痕。

❶ 太平洋明螂 *Parilimya pacifica* (Dall, 1907)。菲律宾，48 mm。Poppe 图片。

Family Burmesiidae Healey, 1908
Family Ceratomyopsidae Cox, 1964
Family Grammysiidae S. A. Miller, 1877
以上 5 科只有化石记录。

Family Margaritariidae H. A. Vokes, 1964
Family Pleuromyidae Zittel, 1895

色雷西蛤超科 Superfamily Thracioidea Stoliczka, 1870

色雷西蛤科 Family Thraciidae Stoliczka, 1870

又称截尾蛤科。壳小，薄，同心棱。壳顶位于背线中央或后部。韧带后置，外露，平。铰合部一般无齿。套线明显，窦深。后闭壳肌大，腰子形，前闭壳肌小，略圆。后端豁口。

❷ 鼓色雷西蛤 *Thracia convexa* (Wood, 1815)。西班牙，34 mm。

鸭嘴蛤科 Family Laternulidae Hedley, 1918

又称薄壳蛤科。壳薄，左右壳对等或轻微不对等。前后端均豁口。壳顶在原生韧带附近有裂纹。前端膨胀，圆，后端窄，截形。

❶ 澳大利亚鸭嘴蛤 *Laternula creccina* (Reeve, 1860)。澳大利亚，46 mm。

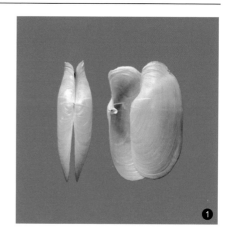

汤匙蛤科 Family Periplomatidae Dall, 1895

又称短吻蛤科。小到大型壳，左右壳不对等。右壳更膨胀，覆盖左壳。前端圆，后端喙状。壳顶下有裂纹，延伸到腹缘。后置内韧带，勺子状的内韧带栓。异韧带。套线明显，有窦。无铰合齿。

❷ 花瓣汤匙蛤 *Periploma margaritaceum* (Lamarck, 1801)。委内瑞拉，36 mm。

隔鳃宗（笋螂目下）
Clade Septibrachia (Within Pholadomyida)

杓蛤超科 Superfamily Cuspidarioidea Dall, 1886

杓蛤科 Family Cuspidariidae Dall, 1886

小到中型，海生。壳薄弱，前端圆，后端鸭嘴状。肉食性双壳类。

❶ 高贵杓蛤 *Cuspidaria nobilis* (Adams, 1864)。中国，43 mm。

栓杓蛤科 Family Halonymphidae Scarlato & Starobogatov, 1983

小型海生双壳类，以前多处理为杓蛤科。

元杓蛤科 Family Protocuspidariidae Scarlato & Starobogatov, 1983

从杓蛤科的一个属独立为科。

短杓蛤科 Family Spheniopsidae J. Gardner, 1928

小型薄壳，海生双壳纲。

❷ 塞内加尔短杓蛤 *Spheniopsis senegalensis* Cosel, 1995。塞内加尔，2.9 mm。MNHN 图片。

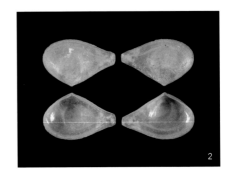

孔螂超科 Superfamily Poromyoidea Dall, 1886

孔螂科 Family Poromyidae Dall, 1886

又称砂蛤科、波罗蛤科。肉食群居海生双壳
类。壳薄，左右壳对等，前后对等或大致对等，前
端圆后端截形。略膨胀。与银沙蛤和杓蛤相似，但
有外露的原生韧带而无韧带隔。

① 普通孔螂 *Cetomya intermedia* (Habe, 1952)。中国，
10 mm。

隐齿孔螂科 Family Cetoconchidae Ridewood, 1903

曾被置于孔螂科，咬合齿退化，动物三对鳃可
见。

② 薄隐齿孔螂 *Cetoconcha tenuissima* T. Okutani, 1966。
中国，14 mm。

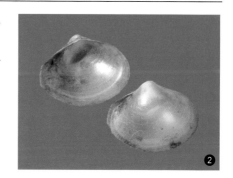

旋心蛤超科 Superfamily Verticordioidea Stoliczka, 1870

旋心蛤科 Family Verticordiidae Stoliczka, 1870

膨胀，前后不对等。或薄或结实。表面放射状
肋，内侧珍珠光泽，或弱。壳顶居前端，弯曲。壳皮
薄，常带颗粒。小月面或强或弱，甚或模糊。韧带
弱，有韧带柱。主齿颗粒状，或有边齿，或无齿。双
肌痕，等大。成贝有足丝。

③ 德氏旋心蛤 *Verticordia deshayesiana* Fischer, 1862。中
国，9 mm。

银沙蛤科 Family Euciroidae Dall, 1895

深水区物种，壳薄。

❶ 鸟嘴银沙蛤 *Euciroa rostrata* Jaeckel & Thiele，1931。中国，49 mm。

面纱蛤科 Family Lyonsiellidae Dall, 1895

又称里昂斯蛤科。膨胀，卵圆到方形，壳薄。前后不对等，后端豁口。内侧珍珠光泽，或弱。壳顶在前端，弯曲。小月面弱或模糊。有内韧带，弱，有韧带柱。无铰合柱，双肌痕，等大。

❷ 月光面纱蛤 *Policordia pilula* (Pelseneer, 1911)。中国，21 mm。

Order Orthonotida

Superfamily Orthonotoidea S. A. Miller, 1877

Family Orthonotidae S. A. Miller, 1877

Family Konduriidae Sanchez, 2007

Family Prothyridae S. A. Miller, 1889

Family Solenomorphidae Cockerell, 1915

以上 4 科都只有化石种。

多板纲 | Class Polyplacophora

这是一个分布非常广泛但又常被非专业人员忽略的生物群体，全球所有海域都有分布，能生活在从潮间带到深渊的各种海洋环境中。纲一级的特征非常明显，由八块板组成可卷曲的外壳。纲以下的分类稍显复杂，必须拆解出鳖板，尤其是两块端板，观察缺刻的数量、深度，还有插入板等结构，才能进行科一级的分类。科和科以上的分类一直多种意见并存，分子生物学研究已经有了不少成果，但覆盖的物种还有待增加。这里介绍的分类系统主要还是依据形态学特征。

新石鳖亚纲 | Subclass Protobranchia

石鳖目 Order Chitonida

簇毛石鳖亚目 Suborder Acanthochitonina

隐板石鳖超科
Superfamily Cryptoplacoidea H. Adams & A. Adams, 1858

隐板石鳖科 Family Cryptoplacidae H. Adams & A. Adams, 1858

小到大型，长条形，鳖板退化，裙边发达且带毛刺。未成熟个体的鳖板能构成关节结构，但成熟后各板彼此分离。中央区和边缘区的鳖革保持一致。插入板和椎板发达。裙边上的毛在生活状态很丰富，但保存的标本上会脱落。

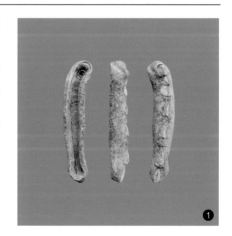

① 毛虫石鳖 *Cryptoplax striata* (Lamarck, 1819)。澳大利亚，74 mm。

簇毛石鳖科 Family Acanthochitonidae Pilsbry, 1893

小到大型,椭圆到长条形。鳖板部分或完全埋入裙边。鳖革退化,裙边发达,有骨针。全球分布。

1 苏氏石鳖 *Acanthochitona sueurii* (Blainville, 1825)。澳大利亚, 17 mm。

半革石鳖科 Family Hemiarthridae Sirenko, 1997

小石鳖科 Family Lepidochitonidae Iredale, 1914

很多作者把此科置于锉石鳖科中作为一个亚科。

2 杏仁石鳖 *Lepidochitona cinerea* (Linnaeus, 1767)。法国, 10 mm。

毛帕石鳖科 Family Mopaliidae Dall, 1889

小到大型，椭圆外形，群边上有毛。

1 舌形毛帕石鳖 *Mopalia lignos* (Gould, 1846)。美国，25 mm。

奇卓石鳖科 Family Schizoplacidae Bergenhayn, 1955

2 布兰德石鳖 *Schizoplax brandtii* (Middendorff, 1847)。加拿大，8 mm。

托尼石鳖科 Family Tonicellidae Simroth, 1894

很多作者处理为毛帕石鳖科的一个亚科。

3 红线石鳖 *Tonicella lineata* (Wood, 1815)。美国，20 mm。

Family Makarenkoplacidae Sirenko & Dell'Angelo, 2015

此科只有化石记录。

石鳖亚目 Suborder Chitonina

石鳖超科 Superfamily Chitonoidea Rafinesque, 1815

石鳖科 Family Chitonidae Rafinesque, 1815

小到大型，椭圆形到长条形，全球分布。插入板栉状，鳖革和裙边装饰变化多。

❶ 柴棒石鳖 *Chiton virgulatus* G. B. Sowerby Ⅱ, 1840。墨西哥，44 mm。

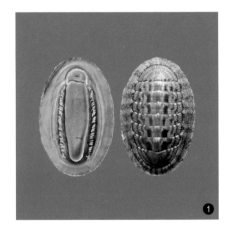

盔石鳖科 Family Callistoplacidae Pilsbry, 1893

外观厚实，个体较小。

❷ 厚石鳖 *Callistoplax retusa* (Sowerby in Broderip & Sowerby, 1832)。墨西哥，16 mm。

卡罗石鳖科 Family Callochitonidae Plate, 1901

壳较小，轻。

1 七板石鳖 *Callochiton septemvalvis* (Montagu, 1803)。英国，11 mm。

查特石鳖科 Family Chaetopleuridae Plate, 1899

早期多处理为石鳖科的一个属。

2 棕边石鳖 *Chaetopleura lanuginosa* (Dall, 1879)。墨西哥，35 mm。

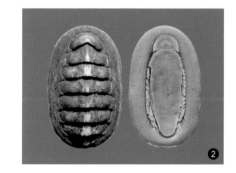

锉石鳖科 Family Ischnochitonidae Dall, 1889

多板纲中的大科，椭圆形到长条形。板呈拱形，背脊或呈龙骨状。虽然个别物种个体较大，多数物种只有 10~40 mm 长。鳖革多变，裙边装饰丰富多变。头板和尾板刻裂多。不存在一个足以把本科和其他科区分开的独有特征。科内共有的唯一特征是插入板和尾板上有刻裂。

3 长形石鳖 *Ischnochiton elongatus* (Blainville, 1825)。澳大利亚，26 mm。

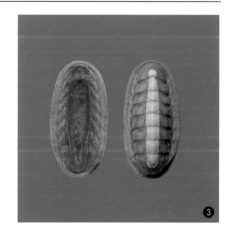

洛里石鳖科 Family Loricidae Iredale & Hull, 1923

① 锈色石鳖 *Lorica volvox* (Reeve, 1847)。澳大利亚, 66 mm。

Family Spinochitonidae Dell'Angelo, Lesport, Cluzaud & Sosso, 2018
此科只有化石记录。

希兹石鳖超科 Superfamily Schizochitonoidea Dall, 1889

希兹石鳖科 Family Schizochitonidae Dall, 1889

鳞侧石鳖目 Order Lepidopleurida
鳞侧石鳖亚目 Suborder Lepidopleurina

渊石鳖科 Family Abyssochitonidae Dell'Angelo & Palazzi, 1989
鳖革发达，无插入板。

汉尼石鳖科 Family Hanleyidae Bergenhayn, 1955

小到中型，虽然物种不多，但从潮间带到深海都有发现。头板的插入板无刻裂，其他板有或大或小的插入板。裙边有或长或短的骨针。

❶ 粉汉尼石鳖 *Weedingia alborosea* Kaas，1988。法属波利尼西亚，MNHN图片。

鳞侧石鳖科 Family Leptochitonidae Dall, 1889

❷ 卡桔石鳖 *Lepidopleurus cajetanus* (Poli, 1791)。土耳其，16 mm。

涅斯石鳖科 Family Nierstraszellidae Sirenko, 1992

Family Protochitonidae Ashby, 1925
此科只有化石记录。

掘足纲 | Class Scaphopoda

本纲是分布非常广泛的小到中型海贝,从浅水区到七千米深渊都有采集记录。纲一级的特征非常简单。整体的外形线特征和截面特征是重要的鉴定特征。科一级的分类至今为止还主要是基于壳的特征。齿舌特征在科以下分类中经常被采用。总的来说,关于掘足纲的动物包括解剖学和分子生物学研究数据还有待积累。

角贝目 Order Dentaliida

环纹角贝科 Family Anulidentaliidae Chistikov, 1975

壳面有细致的环纹。

❶ 竹笋象牙贝 *Anulidentalium bambusa* Chistikov, 1975。菲律宾, 22 mm。

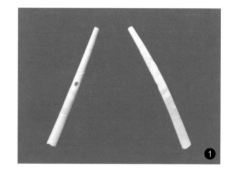

丽象牙贝科 Family Calliodentaliidae Chistikov, 1975

中到大型,强烈弯曲,壳薄但不脆。表面平滑光亮,白色、黄色或橘色。只在接近顶端有皱纹装饰。顶端简单,或有"V"形缺刻。截面近圆形,背侧更扁。

❷ 番红花丽象牙贝 *Calliodentalium crocinum* (Dall, 1907)。中国, 57 mm。

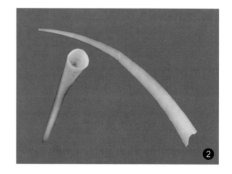

角贝科 Family Dentaliidae Children, 1834

　　壳厚而结实，中到大型。长管状，由一端到另一端逐渐变细，顶端侧壁或有缺刻。截面为圆形或多边形。

❶ 绿象牙贝 *Dentalium elephantinum* Linnaeus, 1758。菲律宾，84 mm。

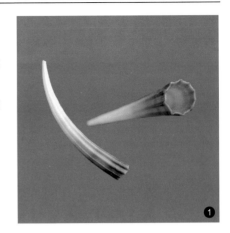

狭象牙贝科 Family Fustiariidae Steiner, 1991

　　壳小型。壳逐渐变细，表面无纵向刻饰，只有生长纹。开口圆，顶部缺刻位于背侧。

❷ 日本狭缝角贝 *Fustiaria nipponica* (Yokoyama, 1922)。菲律宾，36 mm。

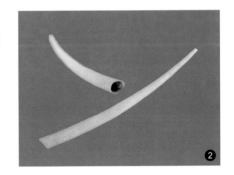

加德林象牙贝科 Family Gadilinidae Chistikov, 1975

　　壳轻而光滑。

❸ 常见加德林牙贝 *Episiphon virgula* (Hedley, 1903)。菲律宾，17 mm。

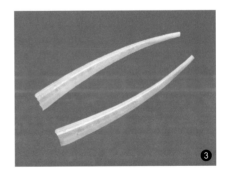

光滑象牙贝科 Family Laevidentaliidae Palmer, 1974

中到大型,壳薄,弯曲不强烈。有生长纹,无刻饰。截面圆形。顶端缺刻在腹侧。

❶ 戈法斯象牙贝 *Laevidentalium gofasi* Scarabino, 1995。澳大利亚,31 mm。

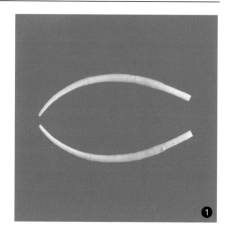

拉比象牙贝科 Family Rhabdidae Chistikov, 1975

壳中到大型,脆,透明,近乎直。表面无刻饰,开口简单,截面圆形。

❷ 尖拉比象牙贝 Rhabdus rectius (Carpernter, 1864)。澳大利亚,16 mm。

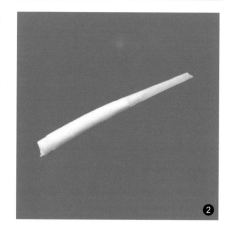

欧姆牙贝科 Family Omniglyptidae Chistikov, 1975

壳直,有环肋。顶孔完整无缺刻,开口圆形。

鼓象牙贝目 Order Gadilida

拟角贝亚目 Suborder Entalimorpha

拟角贝科 Family Entalinidae Chistikov, 1979

壳强烈弯曲，白色，壳面有轴向肋，截面多边形。

① 角管象牙贝 *Spadentalina tubiformis* (Boissevain, 1906)。中国, 24 mm。

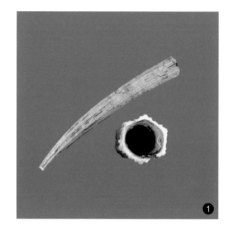

鼓象牙贝科 Family Gadilidae Stoliczka, 1868

壳小型。壳表光滑，少有肋。壳弯曲，腹侧外鼓较背侧强。开口倾斜。

② 凯瑞象牙贝 *Polyschides cayrei* Scarabino, 2008。菲律宾, 15 mm。

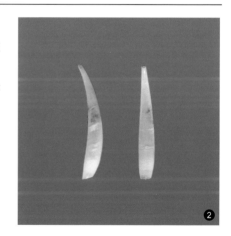

珠光象牙贝科 Family Pulsellidae Boss, 1982

壳小型，轻度弯曲。顶端开口简单完整。

1️⃣ 罗夫珠光象牙贝 *Pulsellum lofotense* (Sars, 1865)。法国，3 mm。

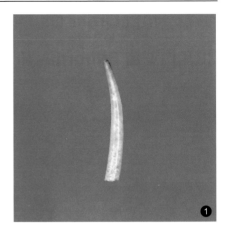

温纳象牙贝科 Family Wemersoniellidae Scarabino, 1986

头足纲 | Class Cephalopoda

本纲动物有重要的经济价值，章鱼、乌贼、鱿鱼等都属于本纲。已经灭绝的菊石有着发达的外壳，但现生物种只有鹦鹉螺和船蛸有外壳。

Subclass Ammonoidea

此亚纲只有化石记录。

鞘亚纲 | Subclass Coleoidea

Superorder Decapodiformes

本超目 4 目 30 科均无外壳。

Order Myopsida

Family Australiteuthidae Lu, 2005
Family Loliginidae Lesueur, 1821

Order Oegopsida

Family Ancistrocheiridae Pfeffer, 1912
Family Architeuthidae Pfeffer, 1900
Family Batoteuthidae Young & Roper, 1968
Family Brachioteuthidae Pfeffer, 1908
Family Chiroteuthidae Gray, 1849
Family Cranchiidae Prosch, 1847
Family Cycloteuthidae Naef, 1923
Family Enoploteuthidae Pfeffer, 1900
Family Gonatidae Hoyle, 1886
Family Histioteuthidae Verrill, 1881
Family Joubiniteuthidae Naef, 1922

Family Lepidoteuthidae Pfeffer, 1912
Family Lycoteuthidae Pfeffer, 1908
Family Magnapinnidae Vecchione & Young, 1998
Family Mastigoteuthidae Verrill, 1881
Family Neoteuthidae Naef, 1921
Family Octopoteuthidae Berry, 1912
Family Ommastrephidae Steenstrup, 1857
Family Onychoteuthidae Gray, 1847
Family Pholidoteuthidae Adam, 1950
Family Promachoteuthidae Naef, 1912
Family Psychroteuthidae Thiele, 1920
Family Pyroteuthidae Pfeffer, 1912
Family Thysanoteuthidae Keferstein, 1866

Order Sepiida

Family Sepiadariidae Fischer, 1882
Family Sepiidae Keferstein, 1866
Family Sepiolidae Leach, 1817

Order Spirulida

Family Spirulidae Owen, 1836

Superorder Octopodiformes

Order Octopoda

Suborder Cirrata

Family Cirroctopodidae Collins & Ville- nueva, 2006
Family Cirroteuthidae Keferstein, 1866
Family Opisthoteuthidae Verrill, 1896
Family Stauroteuthidae Grimpe, 1916
本亚目 4 科无外壳。

无须亚目 Suborder Incirrata

船蛸超科 Superfamily Argonautoidea Cantraine, 1841

船蛸科 Family Argonautidae Cantraine, 1841

壳薄，脆，雌性繁殖时用来护卵，并非严格意义上的外骨骼。

① 瘤船蛸 *Argonauta nodosus* Lightfoot，1786。澳大利亚，192 mm。

Family Alloposidae Verrill, 1881

Family Ocythoidae Gray, 1849

Family Tremoctopodidae Tryon, 1879

Superfamily Octopodoidea d'Orbigny, 1840

Family Amphitretidae Hoyle, 1886

Family Bathypolypodidae Robson, 1929

Family Eledonidae Rochebrune, 1884

Family Enteroctopodidae Strugnell, Norman, Vecchione, Guzik & Allcock, 2014

Family Megaleledonidae Taki, 1961

Family Octopodidae d'Orbigny, 1840

本亚目以上 9 科无外壳。

Order Vampyromorpha

Family Vampyroteuthidae Thiele in Chun, 1915

本目无外壳。

鹦鹉螺目 Order Nautilida

鹦鹉螺科 Family Nautilidae Blainville, 1825

　　头足纲现生物种中唯一有严格意义的外壳的群体。

❶ 深脐鹦鹉螺 *Nautilus scrobiculatus* Lightfoot, 1786。印度尼西亚, 195 mm。

Family Aturiidae Hyatt, 1894

Family Hercoglossidae Spath, 1927

以上 2 科只有化石记录。

图鉴系列

中国昆虫生态大图鉴（第2版）	张巍巍　李元胜
中国鸟类生态大图鉴	郭冬生　张正旺
中国蜘蛛生态大图鉴	张志升　王露雨
中国蜻蜓大图鉴	张浩淼
青藏高原野花大图鉴	牛洋　王辰 彭建生

中国蝴蝶生活史图鉴	朱建青　谷宇
	陈志兵　陈嘉霖
常见园林植物识别图鉴（第2版）	吴棣飞　尤志勉
药用植物生态图鉴	赵素云
凝固的时空——琥珀中的昆虫及其他无脊椎动物	张巍巍

野外识别手册系列

常见昆虫野外识别手册	张巍巍
常见鸟类野外识别手册（第2版）	郭冬生
常见植物野外识别手册	刘全儒　王辰
常见蝴蝶野外识别手册	黄灏　张巍巍
常见蘑菇野外识别手册	肖波　范宇光
常见蜘蛛野外识别手册（第2版）	王露雨　张志升
常见南方野花野外识别手册	江珊
常见天牛野外识别手册	林美英
常见蜗牛野外识别手册	吴岷
常见海滨动物野外识别手册	刘文亮　严莹
常见爬行动物野外识别手册	齐硕
常见蜻蜓野外识别手册	张浩淼
常见螽斯蟋蟀野外识别手册	何祝清
常见两栖动物野外识别手册	史静耸
常见椿象野外识别手册	王建赟　陈卓
常见海贝野外识别手册	陈志云
常见螳螂野外识别手册	吴超

中国植物园图鉴系列

华南植物园导赏图鉴	徐晔春　龚理　杨凤玺

自然观察手册系列

云与大气现象	张超　王燕平　王辰
天体与天象	朱江
中国常见古生物化石	唐永刚　邢立达
矿物与宝石	朱江
岩石与地貌	朱江

好奇心单本

昆虫之美：精灵物语（第4版）	李元胜
昆虫之美：雨林秘境（第2版）	李元胜
昆虫之美：勐海寻虫记	李元胜
昆虫家谱	张巍巍
与万物同行	李元胜
旷野的诗意：李元胜博物旅行笔记	李元胜
夜色中的精灵	钟茗　奚劲梅
蜜蜂邮花	王荫长　张巍巍　缪晓青
嘎嘎老师的昆虫观察记	林义祥（嘎嘎）
尊贵的雪花	王燕平　张超

野外识别手册丛书

好 奇 心 书 系

YEWAI SHIBIE SHOUCE CONGSHU

百名生物学家以十余年之功，倾力打造出的野
外观察实战工具书，帮助你简明、高效地识别大自
然中的各类常见物种。问世以来在各种平台霸榜，
已成为自然爱好者所依赖的经典系列口袋书。

好奇心书书系·野外识别手册丛书

常见昆虫野外识别手册	常见海滨动物野外识别手册
常见鸟类野外识别手册（第2版）	常见爬行动物野外识别手册
常见植物野外识别手册	常见蜻蜓野外识别手册
常见蝴蝶野外识别手册（第2版）	常见螽斯蟋蟀野外识别手册
常见蘑菇野外识别手册	常见两栖动物野外识别手册
常见蜘蛛野外识别手册（第2版）	常见椿象野外识别手册
常见南方花识别手册	常见海贝野外识别手册
常见天牛野外识别手册	常见螳螂野外识别手册
常见蜗牛野外识别手册	